颜氏家训

〔南北朝〕颜之推 著

桑楚 主编

中国华侨出版社

北京

图书在版编目（CIP）数据

颜氏家训 /（南北朝）颜之推著；桑楚主编 . —北
京：中国华侨出版社，2019.8
ISBN 978-7-5113-7932-0

Ⅰ . ①颜… Ⅱ . ①颜… ②桑… Ⅲ . ①家庭道德 – 中
国 – 南北朝时代 Ⅳ . ① B823.1

中国版本图书馆 CIP 数据核字（2019）第 151669 号

颜氏家训

著　　　者：（南北朝）颜之推
主　　　编：桑　楚
责任编辑：刘雪涛
封面设计：韩立强
文字编辑：黎　娜
美术编辑：张　诚
插图提供：任犀然
经　　　销：新华书店
开　　　本：880mm×1230mm　1/32　印张：10　字数：260 千字
印　　　刷：鑫海达（天津）印务有限公司
版　　　次：2020 年 6 月第 1 版　　2020 年 6 月第 1 次印刷
书　　　号：ISBN 978-7-5113-7932-0
定　　　价：39.80 元

中国华侨出版社　北京市朝阳区西坝河东里 77 号楼底商 5 号　邮编：100028
法律顾问：陈鹰律师事务所
发 行 部：（010）58815874　　传　真：（010）58815857
网　　　址：www.oveaschin.com　　E - m a i l：oveaschin@sina.com

如果发现印装质量问题，影响阅读，请与印刷厂联系调换。

前言

　　颜之推（531— 约591 年），字介，祖籍琅琊临沂（今山东临沂），先世随东晋南渡，寓居建康（今江苏南京），是南北朝时期著名的文学家和教育家。颜之推深受儒家名教礼法的影响，却也推崇佛家思想。他学养深厚，学风严谨，尤其擅长文字，加上他博学笃行的品格和辗转流离的丰富阅历，为他的著述奠定了基础。他一生著作很多，但以《颜氏家训》影响最大。

　　《颜氏家训》共七卷，二十篇。篇幅不长，但内容丰富，涉及范围也很广，它论述为学、立身、治家之法，辩证南北时俗之谬，兼及字画音训，考证典故，品第文艺，以训子孙，自成一家之言。作者以儒家思想为根据，强调立己、达人、爱人、谅人，恪守父慈子孝、兄友弟恭、朋友有信的伦常秩序；同时主张经世致用，反对不学无术、荒诞疏狂的门阀世风和脱离实际的穿凿附会，强调士大夫应"明六经之指"，学以致用，成为国家所需的人才。

此外，作者还注意到环境对家教的影响，认为教育须早，为人父母者应注意言传身教，仁慈爱子而不失尊严，更不能溺爱子女；更为值得一提的是，颜之推认为妇女应参加劳动，反对重男轻女和买卖婚姻；他还教育孩子要有仁爱之心、不要滥杀小动物等，这些思想无论是在当时还是在今天都具有积极意义。当然，作者的思想还是有一定的局限性，比如，他将影响兄弟之间关系的原因过多地归于"妯娌之情"，这是有失公允的。

《颜氏家训》并非一味地说教，它不仅语言顺畅，而且还运用了大量的故事、典故、逸事，往往从小处入手，将所阐述的道理蕴含其中。

本书参考众多优秀版本，对《颜氏家训》进行精编精译，同时加入评析内容。评析详细，并配以相应的故事，将书中的思想和做法与现实相联系，以求本书更具时代性，给现代人以借鉴，以帮助读者更深刻地理解原著，也使内容更具可读性。

目录

卷一

卷二

卷三

卷四

卷五

卷六

卷七

卷一

序致第一

夫圣贤之书，教人诚孝，慎言检迹，立身扬名，亦已备矣。魏、晋已来，所著诸子，理重事复，递相模效，犹屋下架屋，床上施床耳。吾今所以复为此者，非敢轨物范世也，业以整齐门内，提撕子孙。夫同言而信，信其所亲；同命而行，行其所服。禁童子之暴谑，则师友之诚不如傅婢之指挥；止凡人之斗阋，则尧、舜之道不如寡妻之诲谕。吾望此书为汝曹之所信，犹贤于傅婢寡妻耳。

古代圣贤的书籍，教诲人们要忠诚孝顺，言行要谨慎检点，要建立功业使美名播扬，所有这些做人的道理，都已讲得很全面、很详细了。自魏、晋以来的一些诸子书籍，相互模仿，致使道理重复而且内容相近，这就好比屋下架屋，床上放床，多余而无用。现在，我之所以要重写此书，并非要以此来规范世人的言行，而只是用来整顿家风，提醒和教育子孙后代罢了。同样的一句话，是自己所亲近的人说出的就容易信服；同样的命令，是自己所佩服的人发出的就容易遵行。禁止小孩过分地胡闹嬉笑，师友的训诚就不如日常侍奉他的侍婢的劝阻；阻止兄弟之间的争执内讧，尧、舜的教导就不如妻子的劝解。我希望这《家训》能被你们所遵信，它总比侍婢、妻子的话更加贤明。

【原文】

吾家风教，素为整密。昔在龆龀，便蒙诱诲；每从两兄，晓夕温清，规行矩步，安辞定色，锵锵翼翼，若朝严君焉。赐以优言，问所好尚，励短引长，莫不恳笃。年始九岁，便丁荼蓼，家涂离散，百口索然。慈兄鞠养，苦辛备至；有仁无威，导示不切。虽读《礼传》，微爱属文，颇为凡人之所陶染，肆欲轻言，不修边幅。

我家的门风家教，向来严整周密。我从很小的时候开始，就受到这方面的开导和教诲。每天跟随两位兄长，早晚孝顺侍奉父母，冬暖被、夏扇凉，言谈谨慎，举止端正，神色安详，恭敬有礼，小心翼翼，就像是拜见尊严的君王一样。父母经常劝勉鼓励我们，询问我们的爱好崇尚，帮我们磨去缺点，引导我们发挥自己的特长，这些做法既恳切又恰当。我九岁那年，父母双亡，家道开始衰落，人口萧条。哥哥担起抚养我的重任，辛苦异常，但是他却多有仁爱而少威严，对人总是注重劝导，而不予以责备，引导启示也不那么严切。我当时虽也诵读《礼记》，且对写文章稍有爱好，但是在与社会世人交往的过程中受到他们的不良影响，便开始放纵欲望，言语轻狂，且不修边幅。

【原文】

年十八九，少知砥砺，习若自然，卒难洗荡。二十已后，大过稀焉；每常心共口敌，性与情竞，夜觉晓非，今悔昨失，自怜无教，以至于斯。追思平昔之指，铭肌镂骨，非徒古书之诫，经目过耳也。故留此二十篇，以为汝曹后车耳。

【译文】

直到十八九岁，才稍加磨砺，然而因习惯已成自然，所以很难在短时间内改正。二十岁以后，才很少再犯大的过错，但还是经常心口不一，善性与私情相矛盾，夜晚睡觉前常常反省自己白天做的错事，今天悔恨昨天犯下的过失。自己常常感叹这都是由于当时没有受到良好的教育，才会导致这样的结果。回想起平生的意愿志趣，感受颇深，这跟那种只阅读古书上的训诫，只经过一下眼睛和耳朵的效果是不一样的。所以我写下这二十篇文章，留给你们作为鉴戒吧。

【评析】

家庭是社会的细胞，家庭的宁乱是决定社会是否稳定的重要因素。自古以来，人们就非常重视齐家之道，并将能否治理好家庭作为鉴定一个人是否有经世济才的标准。颜氏在本篇第一段就开宗明义地道出了撰写"家训"的目的，就是要用圣贤之道教育子孙后代，以实现修身、齐家、治国、平天下的政治思想和道德理想。统观整部家训，贯穿其中的是"忠孝"二字，以"忠孝"为本，是颜氏教育子孙的指导思想，"忠孝"二字也是统揽全书的总纲。

紧接着第二段就开始对家庭成员之间关系的特殊性进行分析，肯定了家庭道德教育的重要作用和特殊效果。指出孩子们的共性，即对自己的长者和亲者，他们都非常信任，并且愿意听其教诲，顺其指令。家庭教育的这一优势，是学校教育、社会教育等其他任何形式的教育所无法企及的。而"家训"正是能体现这一优势的特殊教育形式。

为了规范家族成员的言行，使其符合家族伦理道德，颜氏又特地满怀深情地描述了颜家的优良家风，表达了让子孙继承和弘扬优良家风的愿望。同时，颜氏通过自述少年时代的不幸经历，即九岁丧父后，由哥哥抚养，但哥哥有爱弟之心，却不懂教弟之道，更缺少教育之法，"有仁无威，导示不切"，致使颜氏那时受不良习气的影响而变得没有修养。好在随着年龄的增长，他自己觉悟了，感到自己少年时代之所以没有修养，完全是因为缺乏良好的教育。因此，他撰写"家训"以避免子孙重蹈自己的覆辙。

整篇序言，虚实结合，情理交融，娓娓道来，新意迭出，将撰写"家训"的宗旨、目的阐述得明白透彻，令人信服。

我国古代从来都是将"修身、齐家"作为"治国"的根本之道。早在《周易·家人》这一卦中就提出君子处世，不仅要注意修身，也要注意齐家，并且卦辞中还指出"教先从家始""正家而天下定矣"。《礼记·大学》篇则更明确地提出了"修身、齐家、治国、平天下"的观点，指出："身修而后家齐，家齐而后国治，国治而后天下平。"显然这是把齐家作为治国平天下的必要条件，而又把修身看作齐家的根本因素，因此家教显得尤为重要。古人家教都是把人格的修养放在第一位的，这也被称作"人格塑造法"。这种家教的方法是从上到下的教育，即首先从自身做起，然后再去要求后世子孙。

元朝人许衡，官至集贤大学士兼国子监祭酒，是元代儒家学说的代表人物。他从小就注意人格的培养。他生活的时代正是金元乱兵之际，有一次正值暑天，他与众人一起过河阳，口干舌燥的人们见路边有梨树，便争抢梨子吃，只有许衡危坐树下自若。有人问他为何不吃，他说："非其有而取之，不可也。"人们说："乱世，此无主。"许衡答道："梨无主，吾心独无主乎？"他不仅具有高尚的人格，还很重视子弟的人格教育。他引导儿子通过读《孟子》等圣贤书来培养良好的人格，而且还通过写诗的形式对儿子进行人格教育。他有一首著名的《训子》诗，通过此诗可以看出他希望儿子能够把握人生，辛勤劳作，纯真笃实，磊落忠信，致君济民，不图苟且之功名。其中，"纯真"，是指自觉、真实地实践伦理道德规范，尽其本然之善性。

许衡对儿子的人格教育下的一番功夫没有白费，在他的教育下，孩子们从小就培养了高尚的品行。《元史》本传中说，"庭有果，熟烂坠地，童子过之，亦不睨视而去，其家人教化之如此"。许衡的儿子都不负父望，自强自立。长子师可"志趣端正"，官至谏议大夫，四子师敬"明经务诚，学尚节概，肖父风"，历任吏部尚书、中书参知政事、国子监祭酒、太子詹事等职，官至御史中丞、广禄大夫。

自古以来的圣贤名臣都很重视家庭教育，比如北宋的范仲淹、清代的曾国藩等，他们不仅自己职高位显、名垂千古，为历代所景仰，而且子侄们也非常贤能，为人们所称道。做父母的要想把子女培养成才，首先要加强自身的人格修养，要求孩子做到的，首先自己先做到，要求孩子成为什么样的人，自己首先就要成为什么样的人。可见，良好的家庭教育不仅仅是成就了孩子，同时也成就了家长乃至整个家族的声誉。当然，这是有前提的，那就是家长要以身作则，就像古人所说的"课子课孙先课己""打铁先得自身硬"。

《围炉夜话》中说："父兄有善行，子弟学之或不肖；父兄有恶行，子弟学之则无不肖。可知父兄教子弟，必正其身以率之，无庸徒事言辞也。"意思是说，父辈兄长有好的德行举止，晚辈可能学不像也比不上，但是如果长辈有不好的行为，则晚辈总是一学就惟妙惟肖。可见，长辈要想教育好晚辈，就一定要先端正自己的行为，做晚辈的表率与楷模，而不是只在言辞上下功夫。通读全篇以后，我们可以看到，颜氏不仅仅是用言辞教育子孙，他要求子孙做到的，首先自己就已经做到了。

人在刚出生时就像一张白纸，没有善恶美丑真假的概念，父母是孩子的启蒙老师，其言传身教将影响孩子的一生。《三字经》上说"养不教，父之过。教不严，师之惰"。很显然，其对造成孩子不良习惯的诱因分析得很明确，父母和老师都有不可推卸的责任。父母的言行举止都在无形中给孩子树立了一个模型，孩子不必有意识地去效仿，不知不觉中就会朝着父母的方向发展。所以，做父母的，要规范孩子的言行，并以身作则，这样才有利于孩子的健康成长。

如今，虽说时代变迁，但是古人的这种家庭教育风范在当今社会仍然具有一定的现实意义。对现代的家庭，尤其是现代家庭的家长仍有着十分重要的借鉴作用。

教子第二

【原文】

上智不教而成，下愚虽教无益，中庸之人，不教不知也。古者，圣王有胎教之法：怀子三月，出居别宫，目不邪视，耳不妄听，音声滋味，以礼节之。书之玉版，藏诸金匮。生子咳㖞，师保固明孝仁礼义，导习之矣。凡庶纵不能尔，当及婴稚，识人颜色，知人喜怒，便加教诲，使为则为，使止则止。比及数岁，可省笞罚。

【译文】

天资聪颖、智力超群的人，不用教育就能成才；智能低下的人，即使教育再多也无济于事；但是智力平常的人，不教育就不明事理。古时候的圣王就施行胎教之法：王后怀孕三个月的时候，就搬出皇宫，到别宫居住，眼睛不看邪恶的东西，耳朵不听胡言乱语；所听的音乐和所嗜的口味等，都要受到礼仪的节制。君王还把这些胎教之法写到玉版上，藏进金柜里。到胎儿出生尚在褓褓中时，就确定了由太师、太保来讲解孝、仁、礼、义来对他进行引导教育。普通老百姓家纵然不能做到这样，那也应在婴儿开始懂得识人脸色、知道别人喜怒时，就加以教导训诲，教育他们做大人允许做的事情，不允许做的事情就不能做。这样，等到孩子长到几岁时，就可以少挨甚至不用挨鞭笞的责罚了。

【原文】

父母威严而有慈，则子女畏慎而生孝矣。吾见世间，无教而有爱，每不能然；饮食运为，恣其所欲，宜诫翻奖，应诃反笑，至有识知，谓法当尔。骄慢已习，方复制之，捶挞至死而无威，忿怒日隆而增怨，逮于成长，终为败德。孔子云"少成若天性，习惯如自然"是也。俗谚曰："教妇初来，教儿婴孩。"诚哉斯语！

【译文】

父母对孩子既要保持一定的威严，又不能丧失慈爱，这样子女自然会敬畏谨慎从而产生孝顺之心。我见到现在有一些父母对孩子不讲教育而一味溺爱，往往不能如此。他们对孩子的饮食起居、言行举止过于迁就，不加管制，该训诫时反而夸奖，该训斥责骂时反而一笑了之，等孩子懂事了，就会觉得这些道理本来就应该这样。等孩子骄傲怠慢的习惯已经养成时，再去管教，纵使鞭打得再狠毒，父母也难以树立威严了。而且父母越是愤怒，子女就越是怨恨。这样的孩子长大成人后，最终会成为品德败坏的人。孔子说"从小养成的就像天性，习惯了的也就成为自然"正是讲的这个道理。俗谚说："教导媳妇要在初来时，教导儿女要在婴孩时。"这话说得真是再恰当不过了。

【原文】

凡人不能教子女者，亦非欲陷其罪恶；但重于诃怒，

伤其颜色，不忍楚挞
惨其肌肤耳。当以疾
病为谕，安得不用
汤药针艾救之哉？
又宜思勤督训者，
可愿苟虐于骨肉
乎？诚不得已也。

【译文】

　　凡是不善于教育
子女的人，也并非想
要使子女陷入罪恶的
境地，只是他们不想因

斥责怒骂而伤了孩子的脸面，不想因体罚鞭挞而使他们承受皮肉
之苦。这该用生病来作比喻，怎么可以不用汤药、针艾就能治好
呢？还应该想想那些勤于督促训导子女的父母，难道他们愿意苛
刻地虐待自己的骨肉吗？他们这样做实在是迫不得已啊！

【原文】

　　王大司马母魏夫人，性甚严正；王在湓城时，为
三千人将，年逾四十，少不如意，犹捶挞之，故能成其勋
业。梁元帝时，有一学士，聪敏有才，为父所宠，失于教
义：一言之是，遍于行路，终年誉之；一行之非，掩藏文
饰，冀其自改。年登婚宦，暴慢日滋，竟以言语不择，为
周逖抽肠衅鼓云。

梁朝大司马王僧辩的母亲魏夫人，生性严厉秉直。王僧辩驻守湓城时，已经是一位统领三千人的将领，且年纪过了四十，但他的行为稍有令母亲不满意的地方，就要遭到母亲棍棒的责罚，也正是因此才成就了他的勋业。梁元帝时，有一位聪明而有才气的学士，被父亲宠惯，疏于管教。他有一点成绩，其父就说个没完，恨不得让满街的人都知道；而他要是做了错事，其父就百般为他掩饰，指望他能自己改正。等到这位学士成年以后，他凶暴傲慢的习气越来越重，后来因为说话放肆，激怒了比他更骄横、更凶恶的周逖，结果被活活打死，连肠子都被抽出，把血涂在战鼓上。

【原文】

父子之严，不可以狎；骨肉之爱，不可以简。简则慈孝不接，狎则怠慢生焉。由命士以上，父子异宫，此不狎之道也；抑搔痒痛，悬衾箧枕，此不简之教也。

【译文】

父子之间的关系要严肃，不可以轻忽怠慢；骨肉之间要有爱，不可以简慢。简慢了，就难以做到父慈子孝，轻忽了，晚辈对长辈的怠慢之心就会产生。这样势必影响教育的效果。命士以上的官，父子分开居住，这就是父子之间的关系不能过于亲狎的道理。至于晚辈为长辈搔痒抚痛，给长辈把被子捆好挂起来，帮长辈把枕头放进箱子里等，都是教育骨肉之间不能简慢的道理。

【原文】

或问曰："陈亢喜闻君子之远其子，何谓也？"对曰："有是也。盖君子之不亲教其子也，《诗》有讽刺之辞，《礼》有嫌疑之诫，《书》有悖乱之事，《春秋》有衰僻之讥，《易》有备物之象，皆非父子之可通言，故不亲授耳。"

【译文】

有人问："孔子的弟子陈亢很欣赏君子远离自己的孩子，这该怎样解释呢？"我回答说："这是很有道理的，品德高尚的人不能亲自教导自己的孩子。《诗经》中有些言辞讽刺君王，《礼记》中有些告诫回避嫌疑，《尚书》中讲的事里有些是犯上作乱的，《春秋》中有些叙述不正当、不亲睦，《易经》的卦象包容阴阳万物，这些都不是父子之间可以直接交谈的，所以品德高尚的人不能亲自教导自己的孩子。"

【原文】

齐武成帝子琅琊王，太子母弟也，生而聪慧，帝及后并笃爱之，衣服饮食，与东宫相准。帝每面称之曰："此黠儿也，当有所成。"及太子即位，王居别宫，礼数优僭，不与诸王等；太后犹谓不足，常以为言。年十许岁，骄恣无节，器服玩好，必拟乘舆；尝朝南殿，见典御进新冰，钩盾献早李，还索不得，遂大怒，诟曰："至尊已有，我何意无？"不知分齐，率皆知此。识者多有叔段州吁之讥。后嫌宰相，遂矫诏斩之，又惧有救，乃勒麾下军士，防守殿门；既无反心，受劳而罢，后竟坐此幽薨。

【译文】

　　北齐武成帝的儿子琅琊王高俨，是太子高纬的同母弟弟，他因生性聪颖而受到父王和母后的宠爱。他的衣服饮食都可以与太子相比照，与太子同一个标准。而且武成帝总是当面夸奖他："这孩子非常聪明，以后一定有所作为。"太子高纬即位后，琅琊王移居别宫，但他仍与诸王不同，受到优厚的待遇。尽管如此，太后还嫌不够，常常在高纬面前抱怨。琅琊王十多岁时，傲慢任性，没有节制，他的器用服饰、珍奇玩具，都要与当皇帝的哥哥攀比。一次，他到南殿朝拜，看到典御官和钩盾向皇上进献新到的冰块和早熟的李子，因索要这些供品不成而勃然大怒，骂道："皇上有的东西，凭什么我没有？"他不懂安守本分，做事没有分寸居然到了这个地步。当然，在其他事情上也是这样。熟悉他的人，背后纷纷用叔段、州吁来讥讽他（叔段、州吁都是春秋时因从小被宠坏，最后招致杀身之祸的人）。后来，他又假传圣旨，将与其发生摩擦的宰相杀掉了，但当时他因担心会有人前来相救，居然命其部下守住了殿门。尽管他并没有反叛的心意，并且在受到了安抚以后撤了兵，但后来还是因为此事而被密令杀死了。

【原文】

　　人之爱子，罕亦能均；自古及今，此弊多矣。贤俊者自可赏爱，顽鲁者亦当矜怜。有偏宠者，虽欲以厚之，更所以祸之。共叔之死，母实为之。赵王之戮，父实使之。刘表之倾宗覆族，袁绍之地裂兵亡，可为灵龟明鉴也。

【译文】

　　人们都爱自己的孩子，但能做到一视同仁的却少之又少。从古至今，因偏爱而造成的种种弊病可谓数不胜数。聪明俊秀的孩子固然值得赏识和疼爱，顽皮愚笨的孩子也不能被忽略，他们也应该得到同情和怜爱。那些喜欢偏爱的父母，本意是想对某个孩子好，但结果反而会给他招致祸殃。母亲造成了共叔段的死；父亲促成了赵王的被害。同样，宗族倾覆的刘表，兵败地失的袁绍，都可作为灵应的龟兆和明亮的镜子，让后人借鉴。

【原文】

　　齐朝有一士大夫，尝谓吾曰："我有一儿，年已十七，颇晓书疏，教其鲜卑语及弹琵琶，稍欲通解。以此伏事公卿，无不宠爱，亦要事也。"吾时俛而不答。异哉，此人之教子也！若由此业，自致卿相，亦不愿汝曹为之。

【译文】

　　北齐有个士大夫，曾对我说："我的一个儿子，已经十七岁了，很会写奏札，教他讲鲜卑语、弹奏琵琶，差不多都学会了，用这些本领来服侍三公九卿，一定会被宠爱的，这也是很重要的事情啊。"我当时听了低头没有回答他。真是太奇怪了，这个人居然用这样的方式来教育自己的孩子！如果用这种办法去取媚于人，即使做到卿相，我也不愿让你们这样做。

【评析】

　　颜氏在此篇表明了他"教子当严"的主张，强调对子女必须严加督促训诫，包括打骂等体罚在内。他还以治病救人做比喻，指出这是不得已而为之而又不得不为之的做法。颜氏很讲究教育的艺术，为了说明自己的观点，使孩子们信服，他还举了两个例子进行对比，一个是教子以严获得成功的典型，另一个是教子失败的悲剧。如果说，前者魏夫人靠捶打鞭挞而使孩子功成名就的做法不宜效法的话，那么后者因父亲的过分宠爱而落得剖肚抽肠、以血涂鼓的下场，至今仍值得做父母的铭记在心。《周易·家人卦》中也说："治家严厉，使得家里人承受不了而怨言丛生，这样做虽然有过失，会带来麻烦，但是从长远来看，最终会得到吉祥的。可是如果不能从严治家，听凭妇人和孩子们随心所欲，最终的发展结果却绝不会好。"

作为家长，对孩子的教育一定要得当，要宽容而不纵容，严格而不出格。可怜天下父母心。没有哪个父母不爱自己的孩子，对孩子严格并不是父母不爱自己孩子的表现；相反，这正是对孩子爱的表现。这样的爱是为了孩子的前途打算，是着眼于长远的。

春秋战国时期，赵国的国王赵惠文王死后，由他的儿子赵孝成王继位，其母赵太后垂帘听政。一次，秦国要攻打赵国，赵国弱小，不能抵御，便派人请求齐国出兵援救。齐国则要以长安君为人质。长安君是赵太后的小儿子，赵太后舍不得小儿子，不愿让他冒这么大的风险。面对众臣的劝谏，赵太后很生气，并说："谁要是再劝我送长安君去做人质，我就要吐他一脸唾沫！"于是，谁也不敢再劝了。但是，此事非同小可，关系到国家的存亡。所以，考虑再三，左师触龙还是硬着头皮去见赵太后了。他没有一上来就提做人质的事情，而是先以父母爱子女的家常话题，同赵太后聊起天来。

赵太后的女儿嫁到了燕国。那时，诸侯的女儿出嫁别国之后，除非被废黜或亡国，否则不能回到父母身边。触龙知道赵太后每次祭祀时，都要祷告神灵保佑别让女儿被赶回国。触龙对赵太后说："我以为，您爱您的女儿胜过爱您的小儿子长安君。"赵太后说："你说错了，我更爱我的小儿子。"触龙又说："您虽然很想念您的女儿，但是每次您做祷告时还是希望她别回来。因为您希望女儿在燕国生儿育女相继为王，是从女儿长远的利益着想，这是真正的爱她。而对长安君，您却不是这样。您封给他大片土地，给予他大量的金银财宝，但是他'位尊而无功，俸厚而无劳'，坐享其成。恕我直言，今天长安君有为国立功的机会，您却不让他去，一旦您不在了，他还凭什么在赵国站稳脚？我认为，做父母的要是真正爱孩子，就必须为孩子的将来着想。"触龙这一席话，让赵太后茅塞顿开，她当即派人送长安君到齐国做人质，于是齐国援救了赵国，同时，长安君也为挽救国家的危亡立了一功，大大增强了其在赵国的威信。

"父母之爱子则为之计深远。"当今社会，独生子女家庭越来越多，孩子更成了父母的掌上明珠，很多年轻的父母不知道该怎么爱自己的孩子，可谓捧在手心怕摔了，含在嘴里怕化了，生怕孩子受一点委屈。他们只想让孩子生活得舒服、幸福，而舍不得让孩子吃苦受委屈，什么事情都由着孩子的性子来，一味地迎合孩子，对孩子犯的错误也不及时批评、指正，长此以往，孩子没有艰苦奋斗、吃苦耐劳的精神；相反，骄奢无礼的气焰却越来越占上风。这样的孩子步入社会后不会有什么作为，事业上也不会有什么成就。这样，不仅于社会不利，对他们个人来说也不会获得幸福。

　　古人懂得基础教育的重要性,他们知道再教育比教育更难。颜氏在本篇的第一段就提出了"教子宜早"的主张,而且主要是说重视幼儿时期的德育,而不是只重视灌输知识。古人教育孩子从孩子会吃饭说话时就开始了。因为幼年的孩子,心智还不成熟,没有主见,这时候每天对他讲的话,诸如至理格言等,每天耳濡目染,时间一久,这些格言至论就好像是他自己本来就有的一样。以后即使有人进谗言，他也不会听信。如果没有这种提前的教育，等孩子年龄稍大些后，会思考了，并对某些东西有了一定的偏爱，再加上周围人们不同的言论对其产生的影响，这时候如果想要他保持纯洁的思想，那就不大可能了。这就是"教妇初来，教儿婴孩"的道理。

对于家庭教育中严厉与慈爱的关系问题，颜氏指出理想的境界就是达到介于严厉与慈爱之间的和谐。子女不能明白做父母的从道理上对他的教导，那是不孝顺；父母不能成全孩子的才能，那是不慈爱。古人认为父子之亲是人伦的根本。父对子应慈爱，子对父应孝顺。但慈爱并非一味溺爱，贵在教子有方。所以说父母和孩子之间的关系，双方都必须重视，不能怠慢了彼此，所谓父慈子孝，这样才会将骨肉之间的爱持续下去。

让孩子当官来光耀门楣，是古时每个家庭梦寐以求的事情，做父母的更会为此感到欣慰。但是颜氏却宁愿不让孩子做高官，也不想让自己的孩子们靠谄媚邀宠的方式去争取高官厚禄。要想步入仕途，最好的方式还是通过刻苦做学问、不荒废学业等正当的手段。同时，这也是颜氏对子孙进行气节的教育，读后令人肃然起敬。颜氏重视气节的教育，对后世影响深远。以重气节而彪炳史册的清代著名学者和思想家顾炎武，曾给颜氏以高度评价，称之为"昏日独醒之人"，认为其对"媚世之徒"的鞭挞极富教育意义。

兄弟第三

　　夫有人民而后有夫妇，有夫妇而后有父子，有父子而后有兄弟：一家之亲，此三而已矣。自兹以往，至于九族，皆本于三亲焉，故于人伦为重者也，不可不笃。兄弟者，分形连气之人也，方其幼也，父母左提右挈，前襟后裾，食则同案，衣则传服，学则连业，游则共方，虽有悖乱之人，不能不相爱也。

【译文】

　　有了人类然后才有夫妻，有了夫妻然后才有父子，有了父子然后才有兄弟，一个家庭里最亲近的，就是夫妻、父子、兄弟这三种关系了。由此三种关系延伸发展，直至九代，都是源于这三种亲属关系。因此，这三种关系在人伦关系中最为重要，不能不认真对待。兄弟，是形体虽分而血脉相通的人。当他们幼小的时候，父母左手牵右手携，拉前襟扯后裙，饭同桌，衣递穿，用同一册课本学习，到同一处地方游玩，兄弟中虽然也有荒谬胡乱来的，也不能不互相友爱。

　　及其壮也，各妻其妻，各子其子，虽有笃厚之人，不能不少衰也。娣姒之比兄弟，则疏薄矣；今使疏薄之人，而节量亲厚之恩，犹方底而圆盖，必不合矣。惟友悌深至，不为旁人之所移者，免夫！

【译文】

　　等到都长大后，各有各的妻子儿女，即使是忠实厚道的，兄弟之间的感情也会随之减弱。娣姒比起兄弟来，感情就更疏远而欠亲密了。现在让这种疏薄之人，来掌握亲厚的节制度量，就好像用圆的盖子去盖方的杯子，当然是合不拢的了。这种情况只有兄弟之间相敬、相亲、相爱，不因旁人的影响而动摇才能避免啊！

【原文】

　　二亲既殁，兄弟相顾，当如形之与影，声之与响；爱先人之遗体，惜己身之分气，非兄弟何念哉？兄弟之际，异于他人，望深则易怨，地亲则易弭。譬犹居室，一穴则塞之，一隙则涂之，则无颓毁之虑；如雀鼠之不恤，风雨之不防，壁陷楹沦，无可救矣。仆妾之为雀鼠，妻子之为风雨，甚哉！

【译文】

　　双亲已经去世，留下兄弟相互照顾，应当像形体和影子、声音和回响一样亲密而不可分离。爱惜先人留下的躯体，顾惜与自己血脉相通的兄弟。除了兄弟，还有什么人更值得牵挂心头呢？兄弟之间，与他人可是有很大分别的，彼此期望过高就容易产生埋怨，但同时也正是因为关系亲近而更容易消除隔阂。这就好比居住的房子，出现一个漏洞就及时堵上，出现一条细缝就及时填补，这样就不会担心房子倒塌；假如不提防雀鼠的毁坏，不防范风雨的摧残，那么就会墙崩柱摧，无从挽回了。仆妾就好比那雀鼠，妻子就好比那风雨，但其威力恐怕比它们还有过之而无不及呢！

【原文】

兄弟不睦，则子侄不爱；子侄不爱，则群从疏薄；群从疏薄，则童仆为仇敌矣。如此，则行路皆踏其面而蹈其心，谁救之哉？人或交天下之士，皆有欢爱，而失敬于兄者，何其能多而不能少也！人或将数万之师，得其死力，而失恩于弟者，何其能疏而不能亲也！

【译文】

要是兄弟之间不能和睦相处，则子侄之间就不会相互敬爱；子侄要是不相互敬爱了，则与子侄同辈的族中子弟就会疏远淡漠欠亲密；要是族里的子侄同辈疏远不亲密，则童仆就成仇敌了。这样一来，即使走在路上的陌生人都可随意欺负他们，又会有谁来救他们呢？有些人能结交天下之士并能做到与朋友关系融洽，却不能尊敬自己的兄长，为什么他们能做到与那么多人和睦相处而不能同样对待少数几个人（兄长）啊？有些人能统率几万大军，并能赢得将士的心，使他们拼死效力，却对自己的亲弟弟缺乏恩爱，为什么能亲近外人而不能善待自己的亲人呢？

【原文】

姊姒者，多争之地也，使骨肉居之，亦不若各归四海，感霜露而相思，伫日月之相望也。况以行路之人，处多争之地，能无间者鲜矣。所以然者，以其当公务而执私情，处重责而怀薄义也；若能恕己而行，换子而抚，则此患不生矣。

【译文】

妯娌之间，纠纷最多。让手足同胞住在一起，还不如让他们各奔东西，住的距离远一些，好让他们感受霜露而相思，期盼相见日子的到来。更何况妯娌本如走在路上的陌生人，又处在多纠纷的境地里，能做到不生嫌隙的实在太少了。之所以会产生这样的情况，是因为她们办的是大家庭的公事，却都要顾及自己的私利，肩负重担又少讲道义。如果能做到宽恕别人像宽恕自己一样，对待子侄像对待自己的孩子那样，则这样的问题就会避免了。

【原文】

人之事兄，不可同于事父，何怨爱弟不及爱子乎？是反照而不明也。沛国刘琎，尝与兄瓛连栋隔壁，瓛呼之数声不应，良久方答；瓛怪问之，乃曰："向来未着衣帽故也。"以此事兄，可以免矣。

【译文】

人在侍奉兄长时，不能做到以侍奉父亲的态度来对待兄长，那为什么还要埋怨兄长爱弟弟不如爱儿子呢？这就是没有把这两件事对照起来看明白啊！沛国的刘琎，曾经与他的兄长刘瓛在一起住，两人的房子仅隔一堵墙。有一次，刘瓛隔着墙壁叫他，连着叫了好几声都无回音。很长时间后，刘琎才答应。刘瓛很奇怪，问他为何回答那么慢。刘琎说："刚才我还没有穿好衣服。"用这样的礼节态度来对待兄长，那就不用担心兄长不疼爱弟弟了。

【原文】

江陵王玄绍，弟孝英、子敏，兄弟三人，特相爱友，所得甘旨新异，非共聚食，必不先尝，孜孜色貌，相见如不足者。及西台陷没，玄绍以形体魁梧，为兵所围，二弟争共抱持，各求代死，终不得解，遂并命尔。

【译文】

江陵的王玄绍与他的两个弟弟孝英、子敏兄弟三人，非常友爱。他们所得的没吃过的美味食物或新鲜的东西，兄弟三人如果不聚在一起，绝不会有人先尝，那真诚的态度在外表上也能看得出来。彼此之间那种深厚的手足之情，使得他们每次相见时总感到在一起的时间不够。后来，江陵陷没的时候，王玄绍因为形体魁梧，而被敌兵包围，两个弟弟争着去保护他，都争着要替他去死，但最终拉扯不开，无法解救，三个人便一起殉难了。

【评析】

本篇主要阐述了家庭中最基本的人伦关系，明确了兄弟关系在家庭中的重要性。兄弟团结和睦、关系融洽是一个家庭兴旺发达的关键。中国古代多为子女众多的大家庭，处理好兄弟之间的关系显得尤为重要。血浓于水，颜氏指出兄弟之间的亲情是外人之间的任何感情都无法比拟的。俗话说"家和万事兴""家不和外人欺"，任何时候都不要做"亲于外而疏于内"的不明智之举。颜氏在书中举了江陵的王玄绍兄弟三个的例子，告诫孩子们要重视手足之情，要同甘共苦。

正像颜氏所指出的，兄弟是形体虽然分开了，但血脉还依然相通的人，大家长在同一个家庭里，睡在同一个屋檐下，吃着同一口锅里的饭，在一起玩耍等，可谓形影相随。长大后各自有了妻室，虽然妯娌之间会比兄弟之间疏远，但也不能因此而疏远了兄弟之间的感情。俗话说："打虎还得亲兄弟，上阵须教父子兵。"这就告诉我们，任何时候、任何地方，血缘都是隔不断的，兄弟之间的彼此付出是不需要任何理由、不求任何回报的，这都是本能。关键时刻心甘情愿为你冲锋陷阵、出生入死的还是与自己血脉相连的亲兄弟。那么，我们还有什么理由不去维护兄弟之间的感情呢？

"孔融让梨"的故事家喻户晓。中国人注重长幼有序、兄友弟恭的文化传统，而孔融让梨无疑是符合这个传统的。"孔怀兄弟，同气连枝"，兄弟之间要相互关心友爱，彼此气息相通，因为兄弟之间有直接的血缘关系，如同树木一样，同根连枝。只有兄弟间和睦相处，才能使自己的家族根深蒂固、枝繁叶茂。再者，兄弟如手足，手足相残、同室操戈无论成败如何，都必定会大伤元气。历史上兄弟反目的惨痛教训并不鲜见。而事实上，这样做不但有违兄弟之道，也有违孝道，因为兄弟反目最痛心的是父母。

关于兄弟之情，古人要比我们现代人更加看重，因为他们深深地懂得，对于一个大家庭来说，兄弟之间和睦友爱是多么重要。

这里需要指出的是，自己与兄弟的关系和睦与否，将直接影响到下一代兄弟之间的关系。所以要想让子侄辈好好相处，关键的一点是父辈兄弟之间要和睦，给子侄做出典范，只有这样才能将这种好的传统代代相传，家业才会兴旺发达。

当然了，我们讲兄弟之间要和睦相处、互敬互爱，这并不是说兄弟之间就不能有矛盾。由于兄弟之间的关系与一般人之间的关系不同，他们对彼此期望过高，因此更容易与对方产生不满，同样的事情，外人做了就可以原谅，而自己的兄弟做了就会难以忍受；当然，也正是因为关系亲近，不满也就更容易消除。关键是有了矛盾后应该及时地去化解，不然的话就会发展到不可化解的地步。就像颜氏在文中比喻的那样，房子有了漏洞或是裂缝，就要及时修补，不然，日积月累，小的会变大，等到来不及补救时，房子就会倒塌。其实，兄弟间的不愉快很好解决，只需一方事先放下架子和对方和好，主动和对方做事、说话，矛盾就会消除。

朋友是后来的兄弟，兄弟是自然生成的朋友。如果能得到一个和自己同心同德的兄弟，还有比这更值得高兴的事情吗？所以，做哥哥的要爱护弟弟，做弟弟的要尊重哥哥，不要因为外界的原因而疏远了对方。

当今社会多为独生子女家庭，能够真正体会到手足情深的人就越来越少了，这就要求我们更加珍惜这份情谊，珍惜父母留下的躯体。同时要推己及人，像对待自己的亲兄弟一样对待与自己情同手足、生死与共的朋友。只有这样，我们的家庭才会安宁，我们的社会才会和谐。

后娶第四

【原文】

吉甫，贤父也；伯奇，孝子也。以贤父御孝子，合得终于天性，而后妻间之，伯奇遂放。曾参妇死，谓其子曰："吾不及吉甫，汝不及伯奇。"王骏丧妻，亦谓人曰："我不及曾参，子不如华、元。"并终身不娶，此等足以为诫。其后，假继惨虐孤遗，离间骨肉，伤心断肠者，何可胜数。慎之哉！慎之哉！

【译文】

吉甫，是贤明的父亲；伯奇，是孝顺的儿子。以贤父来对待孝子，本来应该比较幸福，能享受天伦之乐了，然而由于后妻的挑拨离间，儿子伯奇就被放逐。曾参的妻死去之后，他就对儿子说："我不如吉甫那样贤明，你也不如伯奇那样孝顺。"王骏的妻死去之后，他也对别人说："我比不上曾参，我的儿子也比不上曾华、曾元。"因此，曾参与王骏两位后来都没有再娶。这些事例都足以让人引为鉴戒。此后，那些做后母的虐待前妻的孩子，离间前妻之子和其生父的骨肉之情等这样让人伤心断肠的例子数不胜数。对再娶这种事，一定要小心谨慎啊！一定要小心谨慎啊！

【原文】

　　江左不讳庶孽，丧室之后，多以妾媵终家事；疥癣
蚊虻，或未能免，限以大分，故稀斗阋之耻。河北鄙于侧
出，不预人流，是以必须重娶，至于三四，母年有少于子

者。后母之弟，与前妇之兄，衣服饮食，爱及婚宦，至于士庶贵贱之隔，俗以为常。身没之后，辞讼盈公门，谤辱彰道路。

【译文】

江东地区的人们并不嫌弃小妾生的孩子，妻子死了以后，多由小妾来主持家事。一些小的家庭纠纷是在所难免的，但限于名分，兄弟之间打架争吵等可耻的事情就很少发生。黄河以北的人们鄙视侍妾所生的孩子，这些孩子没有社会地位，所以妻亡必须重娶，甚至重娶三四次，这样，后母年龄有时比前妻的儿子的年龄还小。后母生的孩子（弟弟）和前妻生的孩子（兄长），无论在衣服还是饮食上，无论在婚娶还是做官上，都有很大的差异，甚至到了士和庶那样贵贱悬殊的地步，而世俗对此现象也习以为常了。父亲一死，家庭内部的矛盾爆发，直至闹到公堂，彼此公开诽谤污辱，对骂的言语连路上的行人都能听到。

【原文】

子诬母为妾，弟黜兄为佣，播扬先人之辞迹，暴露祖考之长短，以求直己者，往往而有。悲夫！自古奸臣佞妾，以一言陷人者众矣！况夫妇之义，晓夕移之，婢仆求容，助相说引，积年累月，安有孝子乎？此不可不畏。

【译文】

前妻之子诬蔑后母为小妾，后母之子将前妻之子贬斥为仆役。他们宣扬先人的言辞字迹，暴露先人的是非好坏，以此来证明自己的道理，为自己辩解。经常可以见到这样的事情，真是可悲啊！自古以来的奸臣佞妾，用一句话来置人于死地的事情多得很呢！何况凭夫妇的情义，早晚在丈夫跟前说他人的坏话，以此来改变男人的心意，而婢仆为了讨主子的欢心，也在一边帮着劝说引诱，时间一长，怎么还会有孝子呢？这怎么能让人不感到畏惧呢？

【原文】

凡庸之性，后夫多宠前夫之孤，后妻必虐前妻之子；非唯妇人怀嫉妒之情，丈夫有沈惑之僻，亦事势使之然也。前夫之孤，不敢与我子争家，提携鞠养，积习生爱，故宠之；前妻之子，每居己生之上，宦学婚嫁，莫不为防焉，故虐之。异姓宠则父母被怨，继亲虐则兄弟为仇，家有此者，皆门户之祸也。

【译文】

按照一般人的习性，后夫大多宠爱前夫的孩子，后妻必然虐待前妻的孩子。这不只是因为妇人生性妒忌，丈夫迷恋后妻的缘故，也是事态迫使他们这样做的。前夫的孩子，不敢和自己的孩子争夺家业，将他提携抚养，日子长了自然生爱，因而宠爱他；前妻的孩子，地位常常在自己的孩子之上，无论是学业、做官还是婚姻嫁娶，没有一样是不需防范的，唯恐对自己的孩子不利，因而就要虐待他。异姓的孩子受宠，则父亲就会遭到亲生孩子的怨恨，后母虐待前妻的孩子，则兄弟之间就会成为仇敌。发生这类事情，都是家里的祸患。

思鲁等从舅殷外臣，博达之士也。有子基、谌，皆已成立，而再娶王氏。基每拜见后母，感慕呜咽，不能自持，家人莫忍仰视。王亦凄怆，不知所容，旬月求退，便以礼遣。此亦悔事也。

【译文】

思鲁的堂舅殷外臣是一位学士，他博学多才、知礼通达。两个儿子殷基和殷谌，都已经长大成人，而殷外臣又续娶了王氏。殷基每次看见后母的时候，都会因思念生母而痛哭流涕，以致无法控制他自己的情绪，家里的人都不忍抬头去看他。王氏也很悲伤，她不知该怎样做才合适。不到一个月，王氏就请求退亲离去，殷外臣也不得不按照礼节将其送回娘家。这也是一件十分令人遗憾的事情。

【原文】

《后汉书》曰："安帝时，汝南薛包孟尝，好学笃行，丧母，以至孝闻。及父娶后妻而憎包，分出之。包日夜号泣，不能去，至被殴杖。不得已，庐于舍外，旦入而洒埽。父怒，又逐之，乃庐于里门，昏晨不废。积岁余，父母惭而还之。后行六年服，丧过乎哀。"

【译文】

《后汉书》中说："安帝的时候，汝南有一人名叫薛包，字孟尝。他学习刻苦勤奋，行为端正直率。其母死后，他因为孝而闻名。后来父亲娶了后妻，就开始厌恶他，并将其逐出家门。薛包每日每夜痛哭流涕，舍不得离去，甚至被用棍棒殴打。无奈，他只好在屋外搭了个草棚，一大早就回去打扫庭院。他的父亲还是怒火不息，再次将其驱赶。他只好在里弄搭个草屋以安身。尽管这样，他还是早晚去给父母请安。一年多后，父母觉得非常惭愧，就让他搬回了家。后来，父母去世，薛包行了六年的丧礼，实在是超过了丧礼的要求。"

【原文】

"既而弟子求分财异居，包不能止，乃中分其财：奴婢引其老者，曰：'与我共事久，若不能使也。'田庐取其荒顿者，曰：'吾少时所理，意所恋也。'器物取其朽败者，曰：'我素所服食，身口所安也。'弟子数破其产，还复赈给。建光中，公车特征，至拜侍中。包性恬虚，称疾不起，以死自乞。有诏赐告归也。"

【译文】

"而后，他的弟弟要求分家产。薛包无法阻止，就将家产平均分配：他将年老的奴婢留给了自己，并说：'这些奴婢与我相处的时间长，别人使唤不了。'他将荒废的田地留给了自己，并说：'我小时候经营管理的，我对它们很依恋。'他将快要腐朽的器物留给了自己，并说：'我一向都是用这些吃饭的，已经习惯了。'后来，弟弟几次破产，薛包仍然回来救济。建光年间，公车署特别征召薛包，并且授予他侍中的官职。可是由于薛包不重名利，性喜恬静，所以他就借口自己卧床不起，以死来推辞。朝廷只好下诏令，允许他告病带职在家休养。"

【评析】

　　后娶就是通常说的续弦或再婚。中国古代后娶的情况非常普遍,由此而带来的家庭问题也非常突出。后母虐待前妻的孩子,离间父子关系,这样的例子数不胜数。因此颜氏举了因后娶而导致父子产生罅隙的,因后娶而导致整个家庭不和的,当然还有因此而不再续娶的事例,他用这些事例来告诫子孙在后娶这件事情上一定要慎重。由于后娶带来的家庭矛盾,一般人都将其归罪于后母,而颜氏看问题比较全面,他站在很公平的立场上指出后母也不好做,文中所举的王氏的悲剧就是一个很好的证明。

　　可以说后娶带来的矛盾是一个千古难题,作为教育家的颜氏虽然未能给出完美的解决方案,但他还是提出了一条解决的途径,他想借助榜样的力量,为儿孙树立一个道德方面的楷模,即薛包。薛包可谓孝子的典范,在父亲续娶后,他为了维护家庭的和睦,不惜忍辱负重,对父母依然恪守孝道,对后母所生的弟弟十分友爱,由于他感人至深的孝行,使得皇帝都对他优礼有加。可以看出,颜氏是反对后娶的,但是一旦发生了这样的事情,他还是希望孩子们能以薛包为榜样。

　　孝悌是一切道德的根本,如果家庭中的每一分子都能各尽本分、相亲相爱,那么整个家庭必然和谐、欣欣向荣。即使不是亲生的,也应该做到各尽本分。能做到这一点的古代圣贤还是大有人在的。其中最有影响的当属舜恪守孝道,孝敬后母,从而感化天下众生的事迹了。

相传在尧治理天下的时候，人人安居乐业，家家孝慈礼敬，天下一片太平景象。但在历山这个地方，却住着一对出了名的坏夫妻。男的是个老糊涂，原配妻子死后又娶了后妻，对后妻生的儿子象和女儿罢很好，却对前妻生的孩子舜很不好。

后母简直把舜看作眼中钉，一点都容不下舜，坏的给舜吃，烂的给舜穿，还让舜住在不避风雨的破烂小屋中。弟弟象是个粗野傲慢、自私自利的家伙，只有小妹妹罢多少还有点善良之心。舜在这样的家庭里生活，不但得不到温暖，还常常遭到父亲的打骂。心肠狠毒的后母，总想找机会杀死舜。但舜一点也不怨恨他的父母，反而依然非常孝敬父母，爱护弟妹。

尽管如此，夫妻俩也没有丝毫悔意，反而变本加厉。舜在家中实在待不下去了，只好一个人搬到了历山脚下，盖了一间草屋，开垦了一片荒地，一个人过起了日子。但他心里依然想着父母和家庭，每遇荒年，他总是暗中拿些粮食去接济他的父母。

舜在耕地时，常常为自己得不到父母的爱心而发愁，经常责问自己哪里没做好，有时候竟仰天大哭起来。乡里人都说舜是不堪父母的虐待才痛哭的，舜却说："我不是为我的劳苦而哭的，我哭的是怎么做才能让父母为我高兴起来呢？"听了舜的回答，人们都夸奖他，说他是个天下少见的孝子。一传十，十传百，由近到远，舜的孝名被传到了四面八方。

在他德行的感化下，那些过去争夺地界的农民，都能够和睦相处了。后来舜到雷泽去打鱼，那些为争夺渔场而打得头破血流的人也都能和睦相处了。无论舜走到哪里，他崇高的德行都能感化他周围的人。大家都喜欢他，都愿意跟他住在一块儿。过了一年，他住的地方便成了村庄；到了第三年，那里就成了一个小镇了。

当时，帝尧的年纪已经大了，正在天下寻找贤人，准备把帝位禅让出去。各地的族长们都推荐舜，说他既孝顺又有才干，可以做继承人。于是，尧就把自己的两个女儿娥皇和女英嫁给舜做妻子，并把自己的帝位禅让给了他。

舜做了国君以后，心里时刻关心百姓的疾苦，把国家治理得非常好。舜最后死在出巡的路上，噩耗传来，人们像失去了自己的亲人一样失声痛哭。舜的两个妻子更是悲痛欲绝，天天望着舜死的地方哭泣，滴滴泪水洒在竹林里，竹子上从此留下了斑斑的泪痕，后人便称这竹为"斑竹"（又叫湘妃竹），悲痛之下，两人一起投湘水自尽了。

后娶确实给舜的家庭带来了矛盾，尽管生父和后母对舜百般虐待，但是这些丝毫没有动摇舜恪守孝道、疼爱弟妹的信念，并且总是为自己不能让父母高兴而愧疚地痛哭不止。故事中没有告诉我们舜的做法是否感动了父母，但我们知道他感动了天下人，并影响着他们。舜也因此成为中华民族历史上的杰出领袖，受到万古后人的顶礼膜拜。君子美德的发扬，应以孝悌为先，总是先让身边的家人受益，然后才能渐渐光大推及大众。

　　社会发展到今天，随着人们思想观念的转变和诸多因素的影响，离婚率也越来越高，再婚的现象也很普遍，因此，后娶不仅仅是在古代给家庭带来一系列问题，在今天依然是不容忽视的。当不同的两个家庭组成一个新家庭时，家庭成员之间的关系当然会应运而生了。这时候，不"续娶"几乎可以说是不可能的事情，因此，面对"后娶"这个既成事实，我们今天的人，无论是父母还是孩子，都应该恪守自己的本分，既然大家成了一家人，那就应该把自己的角色扮演好，只要做到人人不独亲其亲，不独子其子，那么一切矛盾就会迎刃而解了。

治家第五

　　夫风化者，自上而行于下者也，自先而施于后者也。是以父不慈则子不孝，兄不友则弟不恭，夫不义则妇不顺矣。父慈而子逆，兄友而弟傲，夫义而妇陵，则天之凶民，乃刑戮之所摄，非训导之所移也。

　　教育感化这件事，是自上而下推行的，是从前人向后人延续的。所以父不慈则子不孝，兄不友则弟不恭，夫不仁则妇不贤。至于父慈爱而子叛逆，兄友爱而弟傲慢，夫仁义而妻霸道，则这些就是天生的凶恶之人，要用刑罚杀戮来使其畏惧，而不是仅用训诲教导就能将其改变的。

　　笞怒废于家，则竖子之过立见；刑罚不中，则民无所措手足。治家之宽猛，亦犹国焉。

　　家里如果没有人发怒，将鞭笞的体罚废置太久，则孩子的过错就会马上出现；如果刑罚用得不当，那老百姓就会手足无措。治家的宽仁和严格，也像治国一样。

【原文】

孔子曰："奢则不孙，俭则固；与其不孙也，宁固。"又云："如有周公之才之美，使骄且吝，其余不足观也已。"然则可俭而不可吝已。俭者，省约为礼之谓也；吝者，穷急不恤之谓也。今有施则奢，俭则吝；如能施而不奢，俭而不吝，可矣。

【译文】

孔子说："奢侈了就会骄纵无理，节俭了就会显得固陋。与其骄纵无理，宁可固陋。"又说："一个人即使有周公那样的才华，但如果他骄纵且吝啬，别的优点再多也不值得称道了。"这样说来，俭省可取而吝啬不可取。俭省，是合乎礼的节省；吝啬，是在别人困难危急的时候也不体恤救助。当今常有人施舍时过于奢侈，节俭时又过于吝啬。如果能够做到施舍而不奢侈，俭省而不吝啬，那就很好了。

【原文】

生民之本，要当稼穑而食，桑麻以衣。蔬果之畜，园场之所产；鸡豚之善，坿圈之所生。爰及栋宇器械，樵苏脂烛，莫非种植之物也。至能守其业者，闭门而为生之具以足，但家无盐井耳。今北土风俗，率能躬俭节用，以赡衣食；江南奢侈，多不逮焉。

老百姓生存最根本的事，就是要播种庄稼和桑麻而获取衣食。储藏的蔬菜果品，是果园场圃生产出来的；食用的鸡猪，是鸡窝猪圈畜养出来的。至于房屋器具，柴草蜡烛，没有一样不是靠种植的东西来制造的。那种能保守家业的，即使不出门，他们的生活必需品都已经够用了，家里所缺的只是一口盐井而已。如今北方的风俗，都能做到省俭节用，能承担起家里的衣食所用。江南一带奢侈，多数比不上北方节俭。

【原文】

梁孝元世，有中书舍人，治家失度，而过严刻，妻妾遂共货刺客，伺醉而杀之。

【译文】

梁元帝年间，有一位中书舍人，由于其治理家庭不能把握好尺度，过分严厉苛刻，结果其妻妾收买刺客，趁他醉酒之际将其杀死。

【原文】

世间名士，但务宽仁；至于饮食馈馈，僮仆减损，施惠然诺，妻子节量，狎侮宾客，侵耗乡党：此亦为家之巨蠹矣。

【译文】

当今的名士，在治理家庭上只求宽厚仁爱，却弄得待客馈送的饮食，被童仆克扣；允诺资助别人的东西，被妻子束缚，甚至家里还会发生轻侮宾客、刻薄乡邻的事情。这也是治家的大祸害啊。

　　齐吏部侍郎房文烈，未尝嗔怒，经霖雨绝粮，遣婢籴米，因尔逃窜，三四许日，方复擒之。房徐曰："举家无食，汝何处来？"竟无捶挞。尝寄人宅，奴婢彻屋为薪略尽，闻之颦蹙，卒无一言。

【译文】

　　北齐吏部侍郎房文烈，从不生气发怒。有一次，天下连绵大雨，家里断了粮。他派一名婢女去籴米，不料这个婢女竟乘机逃走。过了三四天，才把她抓获。房文烈见了她，语气和缓地说："全家都没有粮食了，你跑到哪里去了？"竟然没有鞭打这个婢女。房文烈曾经把房子借给别人居住，那人的奴婢把房子拆了当柴烧，差不多都要拆光了。房文烈听到了这件事，只是眉头紧皱，最终还是一句话都没有说。

【原文】

　　裴子野有疏亲故属饥寒不能自济者，皆收养之；家素清贫，时逢水旱，二石米为薄粥，仅得遍焉，躬自同之，常无厌色。邺下有一领军，贪积已甚，家童八百，誓满一千；朝夕每人肴膳，以十五钱为率，遇有客旅，更无以兼。后坐事伏法，籍其家产，麻鞋一屋，弊衣数库，其余财宝，不可胜言。

【译文】

　　裴子野把他的远亲故旧中凡是有饥寒而没有能力自救的人，

都收养了下来。他的家里一向清贫，当时又遇上水旱灾害，他便用二石米煮成稀粥，勉强让大家都吃上一点，自己也和大家一起吃，从没有显出过厌倦的神色。邺城有个大将军，积蓄甚多依然贪得无厌，家童已有了八百人，还发誓要凑满一千，而每人一天的饭菜，却以十五文钱为标准，即使遇到客人来，也不增加一些。后来犯事，朝廷将其处死，没收了其家产，发现仅麻鞋就有一屋子，朽烂的衣服堆满了几个仓库，其余的财宝，更是数不胜数。

【原文】

　　南阳有人，为生奥博，性殊俭吝，冬至后女婿谒之，乃设一铜瓯酒，数脔獐肉；婿恨其单率，一举尽之。主人愕然，俯仰命益，如此者再；退而责其女曰："某郎好酒，故汝常贫。"及其死后，诸子争财，兄遂杀弟。

【译文】

南阳有个人,生平深藏广蓄,但性极吝啬。冬至后的一天,女婿前来拜见他,他只给女婿准备了一铜瓯的酒和几片切成小块的獐子肉,女婿嫌他太吝啬草率,把酒肉一下子就吃尽喝光了。这个人很吃惊,只好勉强叫人添酒加菜,这样先后添了两次。过后,他责怪女儿说:"你丈夫嗜酒成性,才弄得你总是贫穷。"等到他死后,几个儿子为遗产发生了争斗,结果竟然发生了兄杀弟的事情。

【原文】

妇主中馈,惟事酒食衣服之礼耳,国不可使预政,家不可使干蛊;如有聪明才智,识达古今,正当辅佐君子,助其不足,必无牝鸡晨鸣,以致祸也。

【译文】

妇女主持家务,只要负责将酒食衣服做得合乎礼数就行了。不能让她过问国家大政,当然也不能让她干预家里的大事。如果她们真有聪明才智,见识通达古今,也只应辅佐丈夫,以弥补丈夫的不足。一定不要像母鸡晨鸣一样,招致祸殃。

【原文】

江东妇女,略无交游,其婚姻之家,或十数年间,未相识者,惟以信命赠遗,致殷勤焉。邺下风俗,专以妇持门户,争讼曲直,造请逢迎,车乘填街衢,绮罗盈府寺,代子求官,为夫诉屈。此乃恒、代之遗风乎?南间贫素,皆事外饰,车乘衣服,必贵齐整;家人妻子,不免饥寒。河北人事，多由内政，绮罗金翠，不可废阙，羸马悴奴，仅充而已；倡和之礼，或尔汝之。

【译文】

江东的妇女，很少对外交往，即使是结成婚姻的亲家，十几年还没见过面的也不在少数，只派人传达音信或送礼品，来表示问候及情意。邺城的风俗，专门让妇女当家，她们为了辨明是非曲直而争讼于公堂，请客送礼，谒见迎候，她们乘坐的车马堵塞了道路，她们穿的绸缎罗绮挤满官署。有的是替儿子乞求官职，有的是给丈夫诉说冤屈。这应该就是恒州、代郡一带北魏鲜卑的遗风吧？在南方，即使是贫素人家，也都注意修饰外表，车马、衣服一定讲究齐整，而家里的妻子儿女却不免饥寒。黄河以北的交际应酬，也多凭妇女，绮罗金翠，不能短少，而家里的瘦弱马匹和憔悴奴仆，都不过是勉强充数而已。夫妇之间交谈，有时"尔""汝"相称，用词并不拘泥夫唱妇随的礼数。

【原文】

河北妇人，织纴组紃之事，黼黻锦绣罗绮之工，大优于江东也。

【译文】

黄河以北地区的妇女，编织纺织的本领，绣花织锦的手艺，都大大胜过江东的妇女。

【原文】

太公曰："养女太多，一费也。"陈蕃云："盗不过五女之门。"女之为累，亦以深矣。然天生蒸民，先人传体，其如之何？世人多不举女，贼行骨肉，岂当如此而望福于天乎？吾有疏亲，家饶妓媵，诞育将及，便遣阍竖守之。体有不安，窥窗倚户，若生女者，辄持将去；母随号泣，莫敢救之，使人不忍闻也。

【译文】

姜太公说："养女儿太多，是家庭的一种耗费。"后汉大臣陈蕃说过："盗贼都不愿偷窃有五个女儿的家庭。"可见，女儿办嫁妆使家庭耗资巨大，受累也够深重了。但女孩也是天生的众民之一，又是先人的血肉，又能把她怎么样呢？世人很多生了女儿不愿养育，将亲生骨肉残害致死。这样岂能盼望上天降福？我有个远亲，家里姬妾非常多，产期临近，他就派童仆守候着。临产时，童仆就在窗户外窥视，如果生了女孩，马上抱走弃杀。产妇随即哭号追赶，其他人都不敢相救，其场面惨不忍睹。

【原文】

妇人之性，率宠子婿而虐儿妇。宠婿，则兄弟之怨生焉；虐妇，则姊妹之谗行焉。然则女之行留，皆得罪于其家者，母实为之。至有谚云："落索阿姑餐。"此其相报也。家之常弊，可不诫哉！

【译文】

妇女的秉性，大多宠爱女婿而虐待儿媳。宠爱女婿则自己的儿子就会产生抱怨，虐待儿媳则自己的女儿就易进谗言。如此看来，女的无论是出嫁还是留待闺中都会得罪于家，而这些都是做母亲的造成的。以致有句谚语讲道："落索阿姑餐。"是说婆婆吃顿饭都要受冷落。做儿媳的就是以冷落婆婆作为报复的手段，实在是报应啊。这是家庭里常见的弊端，不能不引以为戒啊！

【原文】

婚姻素对，靖侯成规。近世嫁娶，遂有卖女纳财，买妇输绢，比量父祖，计较锱铢，责多还少，市井无异。或猥婿在门，或傲妇擅室，贪荣求利，反招羞耻，可不慎欤！

【译文】

婚娶一定要找清白人家的子女作为配偶，这是当年先祖靖侯定下的规矩。近年来，就有为获得钱财而嫁出女儿的，也有以馈送厚礼来娶进儿媳的。这些人相互攀比门祖家势，斤斤计较，都想多索取，少付出，这和做买卖没有什么区别啊。以至于有的人招来个下流女婿，有的人娶进个骄纵蛮横的老婆，这都是由于他们贪荣求利，才招来耻辱。这样的事，我们能不谨慎吗？

【原文】

借人典籍，皆须爱护，先有缺坏，就为补治，此亦士大夫百行之一也。济阳江禄，读书未竟，虽有急速，必待卷束整齐，然后得起，故无损败，人不厌其求假焉。或有狼藉几案，分散部帙，多为童幼婢妾之所点污，风雨虫鼠之所毁伤，实为累德。吾每读圣人之书，未尝不肃敬对之；其故纸有《五经》词义，及贤达姓名，不敢秽用也。

向别人借来的书籍，都必须爱护有加，若原先有缺损的卷页，就要将之修补完好，这也是士大夫应做的百种善行之一。济阳人江禄，当他读书还未读完时，即使有非常紧急的事情，他也要先把书本放好，然后才起身，因此他的书籍都完好无损。别人对他来借书也不会感到厌烦。有的人把书籍乱丢在桌案上，以致书的部帙被弄散或遗失，多被小孩婢妾弄脏，或者被风雨虫鼠毁伤，这真是有损道德。我每次读圣人写的书时，从来没有不严肃恭敬对待的。如果废旧纸上有《五经》的词句和圣贤的名字，就绝不敢用在污秽之处。

【原文】

吾家巫觋祷请，绝于言议；符书章醮亦无祈焉，并汝曹所见也。勿为妖妄之费。

【译文】

我们家里，从来不请那些巫婆神汉装神弄鬼；也从不请道僧画符弄法，求天祈福，这些你们都是知道的。切莫把钱花费在这些巫妖虚妄的事情上。

【评析】

颜氏在此篇提出，治理家庭，既要长者做出道德榜样，又必须实行家法。坚持以德治家与以法治家相结合是成功治家的基本方略。颜氏把治家比作治国，指出其原理相通，其中必须共同遵循的一条基本原则，就是宽严结合。也就是说，治家不可以失度，既不可以过分严厉苛刻，也不可以过分宽厚仁义，将二者折中，方是成功的治家之道。同时，他告诫子孙要"施而不奢，俭而不吝"。要守好家业，理好家园，过好日子。他还念念不忘地对子孙进行勤俭的美德教育。唐代的河东节度使柳公绰在许多官员中以有家法而出名。在柳家的中门东侧有一个小书房。柳公绰自从不必上朝的那天起，每天早晨就到书房之中，仲郢等诸位子弟都穿戴整齐在中门的北面恭候他。柳公绰处理私事，接待客人，和弟弟柳公权及各位叔伯兄弟一起吃饭，从早到晚都不离开书房。天黑了，点燃蜡烛，就叫一个家中子弟手拿经史读一个段落，然后他再同大家一起谈论做官治家的方法，或者讨论文章，或听琴乐。等到夜深人静的时候，才回房休息。这时，各个子弟又站立在中门的北面，向长辈们问候晚安。二十多年天天如此，没有一日发生变化的。碰到了饥荒年月，众位子弟都吃粗粮，他就说："过去我们弟兄侍奉父亲，他当时是丹州刺史，因为学业未能有所成就，不吃肉之类的东西，我们不敢忘记。"家中的姑、姐、妹、侄女如果还是单身，没有出嫁，虽然关系不怎么亲密，他也一定要为她们挑选夫婿然后将她们嫁出去，并都为她们准备刻木的镜匣和许多富丽的丝绢作为嫁妆，还说："一定要把嫁妆全部准备好了才能把她嫁出去，事到临头才准备嫁妆，那就赶不上了。"柳公绰去世之后，仲郢一直遵守他生前制定的家法，侍奉柳公权就像侍奉柳公绰一样。除非得了重病，否则他拜见柳公权时一定要穿戴整齐。仲郢做京兆尹时，出门在街上碰到柳公权的时候，一定先下马，手执笏板站在一旁，等到柳公权过去后，他才上马走。柳公权回来的时候，仲郢必定衣着整齐地站在马前迎候，柳公权多次

对仲郢说叫他不要这样，仲郢始终不以官职的变迁而对柳公权有任何改变。

柳公绰的妻子韩氏，是宰相韩休的曾孙女，其家法十分严格，勤俭节约，是富贵人家的楷模。嫁给柳公绰三年，从来都没有看见她露齿大笑。她经常穿着朴素的衣服，不穿绫罗绸缎，每次回娘家去，都不乘富丽的马车，只坐竹篮子，并且只要两个青衣仆人步行跟随。她还经常叫仆人将苦参、黄连、熊胆混合在一起制成药丸，送给众位子弟。如果有人通宵达旦地学习，嘴里含着药丸就会消除疲劳。

由此可见，柳公绰确实是个治家的典范，在他的影响教化下，妻子和孩子都很守规矩，无论是在孝敬长辈上、勤俭节约上，还是在刻苦勤奋上，他们都做得很好。

每个家庭都要有信奉的为人处世的标准，在日常生活中都要遵循这种不变的原则。这样，家庭成员才能和颜悦色，以诚相待。父母兄弟之间才能互相理解，融洽相处。能够遵循所信奉的标准，则其所得到的益处要胜过调养身心千百倍。

我国古代的圣贤名臣凡是有所成就的，都很讲究治家，因为他们都明白"一屋不扫何以扫天下"的道理。只有将自己的家治理好了，才有可能参与治国安邦的大事，否则一切就将无从谈起。

值得一提的是，颜氏反对溺杀女婴，这是颜氏道德伦理观点中的一大亮点。在中国，重男轻女的思想根深蒂固，中国古代那种溺杀女婴的做法更是一种极不人道的民间恶习。颜氏指出女孩也是天生的众民之一，是先人的血肉，怎么可以不愿养育，或是随意杀害呢？他对这种恶习表示强烈的谴责。现在看来，应该是一种人道主义的呼唤吧。

同时，对当时的婆媳关系，颜氏指出婆媳不睦的责任主要在婆婆一边，因为他说妇人的秉性，大都是宠爱女婿而虐待儿媳，这样一来就会带来种种弊端，能看到这一点也是很可贵的。

此外，颜氏还教育子孙要爱护借来的书籍，这件事情看似与治家没有什么关系，但事实上这既是一个习惯问题，又是一个道德问题，是一个人有无教养、文明与否的表现。颜氏就是用这些身边的小事来教育子孙的，以培养他们良好的道德习惯，他的这一教育方法实在值得借鉴。

本篇的最后，颜氏还告诫子孙不要为那些装神弄鬼的虚妄之事花冤枉钱。他将不搞迷信活动作为治家的一项重要内容，教育子孙把祖辈不愚昧迷信的好传统继承下去。这在那个时代，其先进性是毋庸置疑的，实在是可圈可点。

卷二

风操第六

吾观《礼经》，圣人之教：箕帚匕箸，咳唾唯诺，执烛沃盥，皆有节文，亦为至矣。但既残缺，非复全书，其有所不载，及世事变改者，学达君子，自为节度，相承行之，故世号士大夫风操。而家门颇有不同，所见互称长短；然其阡陌，亦自可知。昔在江南，目能视而见之，耳能听而闻之；蓬生麻中，不劳翰墨。汝曹生于戎马之间，视听之所不晓，故聊记录以传示子孙。

我看《礼经》，上面均为圣人的教诲：如在长辈面前如何使用簸箕、笤帚，如何使用匕匙、筷子，怎样咳嗽吐痰，怎样应答才得体，怎样持烛照明，怎样以礼待客，怎样端盆送水侍奉长辈盥洗等，《礼经》中对此都有专门的规定并将这些礼节讲得很完备。但是此书已经残缺，且仍然有一些礼仪规范，书上未记载，另外，随着世事的变迁，有些礼节也发生了一些变化。于是，一些有学问之士就自己斟酌制定了衡量的尺度，代代相传，教育子孙应该这样去做。世人就把这些称为士大夫的风操。这些风范和礼仪的基本脉络大体相似，但各个家庭情况有所不同，其看法也有长有短。我在江南的时候，亲眼看到，亲耳听到，就像蓬草生长在大麻中，不用扶它自然也会长直一样。而你们生于战乱不断的年代，对这些礼仪规范自然是无法看见和听到了。因为没有受到耳濡目染，所以，在这里我姑且将它们记录下来，以传示子孙后代。

【原文】

《礼》云："见似目瞿，闻名心瞿。"有所感触，恻怆心眼；若在从容平常之地，幸须申其情耳。必不可避，亦当忍之；犹如伯叔兄弟，酷类先人，可得终身肠断，与之绝耶？又："临文不讳，庙中不讳，君所无私讳。"益知闻名，须有消息，不必期于颠沛而走也。

【译文】

《礼记》中说："见到容貌与自己已故双亲相似的人目惊，听到名字与自己已故双亲相同的人心惊。"这是触景生情所致。一般情况下，遇到这种情况，这种感情是可以且应该表达出来的。但是还要看情况，如果实在无法回避，也还是应该有所忍耐的。譬如自己的伯叔、兄弟，他们的容貌跟已故的父亲相似，难道就因为一见到他们就极悲痛而跟他们老死不相往来吗？《礼记》中又说："做文章时，在庙里祭礼时，在君王面前，都不应避自己父祖的名讳。"可见提及名讳时我们应该有所斟酌，大可不必一听到名讳就匆忙避走或痛苦难耐。

【原文】

梁世谢举,甚有声誉,闻讳必哭,为世所讥。又有臧逢世,臧严之子也,笃学修行,不坠门风;孝元经牧江州,遣往建昌督事,郡县民庶,竞修笺书,朝夕辐辏,几案盈积,书有称"严寒"者,必对之流涕,不省取记,多废公事,物情怨骇,竟以不办而退。此并过事也。

【译文】

梁朝时有个叫谢举的,声望很高,却因一听到自己父祖的名讳就哭而被世人所讥笑。还有个臧逢世,是臧严的儿子,踏实肯学,品行端正,从不败坏家风。梁元帝出任江州刺史时,派他去建昌督理政务。当地百姓,纷纷给他写信,从早到晚会集到官署,公牍信札堆满了案桌。但是,他一看到信上有写了"严寒"的,就总是伤感流泪,再无心审阅;公事常因此被耽误,因此引起人们的责怪和不满,他最终因避讳影响办事,难以务政而被召回。这两个人都是把避讳的事情做过了头。

【原文】

近在扬都,有一士人讳审,而与沈氏交结周厚,沈与其书,名而不姓,此非人情也。

【译文】

近来在扬都,有个读书人避讳"审"字,但他同时又和一位姓沈的人交情深厚,姓沈的给他写信,只署名而不写上"沈"姓,这就不合情理了。

【原文】

凡避讳者，皆须得其同训以代换之：桓公名白，博有五皓之称；厉王名长，琴有修短之目。不闻谓布帛为布皓，呼肾肠为肾修也。梁武小名阿练，子孙皆呼练为绢；乃谓销炼物为销绢物，恐乖其义。或有讳云者，呼纷纭为纷烟；有讳桐者，呼梧桐树为白铁树，便似戏笑耳。

【译文】

凡是需要避讳的字，都必须用跟它意思相近的词来替代：齐桓公名叫小白，因此博戏中的"五白"就被称为"五皓"；淮南厉王名长，于是"胫有长短"就被说成"胫有修短"。不过，倒是还没听说把"布帛"说成"布皓"，把"肾肠"说成"肾修"的。梁武帝小名阿练，其后辈都把"练"说成"绢"；可是，如果把"销炼"物品说成"销绢"物品，恐怕就与事义相悖了。至于那些避讳"云"字之人把"纷纭"说成"纷烟"；避讳"桐"字之人把"梧桐树"说成"白铁树"，简直是在开玩笑。

【原文】

周公名子曰禽，孔子名儿曰鲤，止在其身，自可无禁。至若卫侯、魏公子、楚太子，皆名虮虱；长卿名犬子，王修名狗子，上有连及，理未为通，古之所行，今之所笑也。北土多有名儿为驴驹、豚子者，使其自称及兄弟所名，亦何忍哉？前汉有尹翁归，后汉有郑翁归，梁家亦有孔翁归，又有顾翁宠；晋代有许思妣、孟少孤：如此名字，幸当避之。

【译文】

　　周公的孩子叫"伯禽"，孔子的儿子叫"鲤"，这些名字只与被命名的人本身相关，与别人无碍，自然不必禁止。但是像卫侯、魏公子、楚太子等人的名字都叫"虮虱"，司马相如又名"犬子"，王修名"狗子"，这就不仅仅是他们本身的事情了，而是关系到他们的父辈，于情于理都说不通。我们今天来看古人所做的一些事会觉得很可笑。北方人爱给儿子起名为驴驹、猪仔之类的，如果也让他们这样称呼自己，或者让他们的兄弟这样称呼自己，他们受得了吗？前汉有人叫尹翁归，后汉有人叫郑翁归，梁朝有人叫孔翁归，还有人叫顾翁宠；晋代有人叫许思妣、孟少孤……诸如此类的名字，最好还是避开。

【原文】

　　今人避讳，更急于古。凡名子者，当为孙地。吾亲识中有讳襄、讳友、讳同、讳清、讳和、讳禹，交疏造次，一座百犯，闻者辛苦，无憀赖焉。

【译文】

　　现代的人讲究避讳，比古人更严格。父母给孩子取名，都应当想到孙子们。我的亲友中有讳"襄"字的、讳"友"字的、讳"同"字的、讳"和"字的、讳"禹"字的，交情不深的人在一起，由于不了解情况，就难免会触犯在座众人的忌讳，使避讳之人感到难受而无所适从。

【原文】

　　昔司马长卿慕蔺相如，故名相如；顾元叹慕蔡邕，故名雍。而后汉有朱伥字孙卿，许暹字颜回，梁世有庾晏婴、祖孙登，连古人姓为名字，亦鄙事也。

【译文】

　　昔日，司马长卿因仰慕蔺相如，而改名为相如；顾元叹因仰慕蔡邕，而改名为雍。但是后汉的朱伥，字孙卿，许暹，字颜回，梁朝有庾晏婴、祖孙登，这些人竟然把自己的名字完全用古人的姓和名来代替，这可真是浅薄庸俗啊。

【原文】

　　昔刘文饶不忍骂奴为畜产，今世愚人遂以相戏，或有指名为豚犊者；有识旁观，犹欲掩耳，况当之者乎？

【译文】

　　从前，刘文饶都不忍心骂奴仆为畜生，而当今一些愚蠢的人们却用这种话来嬉闹，有的人甚至还称别人为猪仔、牛犊等。这种称呼，连一些有见识的旁观者都不想听，更何况那些被叫的人呢？

【原文】

　　近在议曹，共平章百官秩禄，有一显贵，当世名臣，意嫌所议过厚。齐朝有一两士族文学之人，谓此贵曰："今日天下大同，须为百代典式，岂得尚作关中旧意？明公定是陶朱公大儿耳！"彼此欢笑，不以为嫌。

近来，我在议曹与众人商讨关于百官的俸禄问题时，有一位当今的名臣显贵嫌有人提出的俸禄太高。于是，原来齐朝留下来的士族文学侍从对他说："如今天下统一，我们应该为后世树立一个典范才对，怎么可以依然沿袭原来的关中旧制呢？明公这么小气，一定是陶朱公的大儿子吧！"说罢彼此哄笑，并不在意这种讥笑。

【原文】

昔侯霸之子孙，称其祖父曰家公；陈思王称其父为家父，母为家母；潘尼称其祖曰家祖：古人之所行，今人之所笑也。今南北风俗，言其祖及二亲，无云家者；田里猥人，方有此言耳。凡与人言，言己世父，以次第称之，不云家者，以尊于父，不敢家也。

【译文】

昔日，侯霸的子孙，称其祖父为家公；陈思王曹植称其父为家父，称其母为家母；潘尼称其祖父为家祖：这都是古人所做的，现在看来觉得有些可笑。如今南北风俗，讲到他的祖辈和双亲，没有说"家"某某的；只有一些鄙俗之人才会有这种叫法。凡是跟别人谈话，讲到自己的伯父，就用父辈排行来称呼，不说"家"字，是因为伯父比父亲年长，不敢称"家"。

【原文】

凡言姑姊妹女子子：已嫁，则以夫氏称之；在室，则以次第称之。言礼成他族，不得云家也。子孙不得称家者，轻略之也。蔡邕书集，呼其姑姊为家姑家姊；班固书集，亦云家孙：今并不行也。

【译文】

凡讲到自己的姑表姐妹，已经出嫁的就用其夫的姓来称呼，没有出嫁的就用长幼排行来称呼。这是因为女子一旦行了婚礼就成为夫家的人了，不好称"家"。对于子孙也不能称"家"，以示对他们的轻视忽略。蔡邕在文集里称呼他的姑、姐为家姑、家姐，班固文集里也说家孙，这些称呼如今都不通行了。

【原文】

凡与人言，称彼祖父母、世父母、父母及长姑，皆加尊字，自叔父母已下，则加贤字，尊卑之差也。王羲之书，称彼之母与自称己母同，不云尊字，今所非也。

【译文】

一般和人谈话，称对方的祖父母、伯父母、父母和长姑，都应该加个"尊"字，叔父母以下，就加个"贤"字，以示尊卑有别。王羲之写信，称人家的母亲和称自己的母亲相同，都不加"尊"字，这是如今所不取的。

【原文】

南人冬至岁首，不诣丧家；若不修书，则过节束带以申慰。北人至岁之日，重行吊礼；礼无明文，则吾不取。南人宾至不迎，相见捧手而不揖，送客下席而已；北人迎送并至门，相见则揖，皆古之道也，吾善其迎揖。

　　南方人从冬至到元旦，都不到办丧事的人家去吊唁，只是写信表示慰问；如果不写信，就等过了冬至、年初，再穿着礼服吊唁，以示慰问。北方人在冬至和年初的时候，特别重视行吊唁之礼。这种做法在礼仪上没有明文规定，因而我觉得不可取。南方人不到门外迎接宾客，宾主相见时只是拱手而行礼作揖，并不欠身，送客时也只是离开座位，并不送客到门外。而北方人送迎客人都要走到门口，相见后还连连打拱行礼作揖。这些都是沿袭了古人的礼节，我喜欢起身出门迎送宾客和连连打拱的做法。

【原文】

　　昔者，王侯自称孤、寡、不穀，自兹以降，虽孔子圣师，与门人言皆称名也。后虽有臣仆之称，行者盖亦寡焉。江南轻重，各有谓号，具诸《书仪》；北人多称名者，乃古之遗风，吾善其称名焉。

【译文】

　　以前的王侯称自己为孤、寡、不穀，从此以后，即使是孔子这样的圣师，和弟子谈话时都直呼自己的名字。后来虽有人自称臣、仆，但为数不多。江南地方礼仪轻重各有称谓，并记载在专讲礼节的《书仪》中。北方人则多用名字相称，这也是古代的遗风。我个人认为还是称呼名字比较好。

【原文】

言及先人，理当感慕，古者之所易，今人之所难。江南人事不获已，须言阀阅，必以文翰，罕有面论者。北人无何便尔话说，及相访问。如此之事，不可加于人也。人加诸己，则当避之。名位未高，如为勋贵所逼，隐忍方便，速报取了；勿使烦重，感辱祖父。

【译文】

当提到亡父时，理当有所感触，对于古人而言，这是很容易的事情，但对于现在的人而言却比较困难。江南人除非万不得已，必须谈论家世时，也一定是用书信的形式，很少面谈。而北方人则有事没事都会找人聊天，互相探访。这是各自的习惯问题，不能强加于人；倘若有人要将这种事情强加于你，你就应该想方设法地回避。地位不高之人，若被显贵所逼，最好还是默默忍着，当然这时要随机应变，简单应付一下即可，千万不要讲得太多太详细而辱没了祖辈。

【原文】

若没，言须及者，则敛容肃坐，称大门中，世父、叔父则称从兄弟门中，兄弟则称亡者子某门中，各以其尊卑轻重为容色之节，皆变于常。若与君言，虽变于色，犹云亡祖亡伯亡叔也。

【译文】

若祖父、父亲已经辞世，在不得不提到他们的时候，就必须表情庄严，坐姿端正，口称"大门中"；提到过世的伯父、叔父，就称"从兄弟门中"；提到过世的兄弟，则称死者儿子"某某门中"，同时还应依据他们身份地位的高低贵贱，恰当地流露自己的表情，这些表情与平时的神情都应该有所区别。当与君王谈起自己已故的长辈时，虽然也要有表情的变化，不过此时还是要称他们为亡祖、亡伯、亡叔。

【原文】

吾见名士，亦有呼其亡兄弟为兄子弟子门中者，亦未为安贴也。北土风俗，都不行此。太山羊侃，梁初入南；吾近至邺，其兄子肃访侃委曲，吾答之云："卿从门中在梁，如此如此。"肃曰："是我亲第七亡叔，非从也。"祖孝征在坐，先知江南风俗，乃谓之云："贤从弟门中，何故不解？"

【译文】

我看见一些名士，也有将已故的兄、弟称作兄子"某某门中"或弟子"某某门中"的，这也不是很妥当。北方地区都不这样称呼。泰山郡有个叫羊侃的人，在梁朝初年到了南方。最近我到邺城时，恰遇羊侃哥哥的儿子羊肃，他向我询问羊侃，我回答他说："您的从门中在梁朝的情况如何如何。"羊肃说："他是我的亲第七亡叔，不是堂叔。"当时祖孝征也在座，对于江南的风俗，他早就知道，就对羊肃说："就是指从弟门中，您怎么不理解呢？"

【原文】

古人皆呼伯父叔父，而今世多单呼伯叔。从父兄弟姊妹已孤，而对其前，呼其母为伯叔母，此不可避者也。兄弟之子已孤，与他人言，对孤者前，呼为兄子弟子，颇为不忍；北土人多呼为侄。案：《尔雅》、《丧服经》、《左传》，侄虽名通男女，并是对姑之称。晋世已来，始呼叔侄；今呼为侄，于理为胜也。

【译文】

古人都喊伯父、叔父，而今天大多数人单喊伯、叔。若伯父、叔父去世了，则在其子女面前说话的时候，喊他们的母亲为伯母、叔母，这是无从回避的。若兄弟之子丧父，则和别人讲话时，直称他们为兄之子或弟之子，就颇为不忍；北方人多称他们为"侄"。据考证：在《尔雅》《丧服经》《左传》等书中，"侄"这个称呼虽通用于男女，但都是对姑姑而言的。自晋代以来，才叫叔侄；如今叫他"侄"，从道理上讲是恰当的。

【原文】

别易会难，古人所重；江南饯送，下泣言离。有王子侯，梁武帝弟，出为东郡，与武帝别，帝曰："我年已老，与汝分张，甚以恻怆。"数行泪下。侯遂密云，赧然而出。坐此被责，飘飖舟渚，一百许日，卒不得去。北间风俗，不屑此事，歧路言离，欢笑分首。然人性自有少涕泪者，肠虽欲绝，目犹烂然；如此之人，不可强责。

【译文】

分别容易但再相见就难了，古人很看重离别之情。江南人送别亲友时，一提到分离就开始落泪。梁朝有位王子侯，是梁武帝的弟弟，他要去东边的州郡任职，临行前去向梁武帝告别。梁武帝说："我已年迈，与你一别，无比感伤。"说完，不禁潸然泪下。王子侯也有悲伤之感，但是却挤不出眼泪，只得惭愧地离去。为此，他受到指责，船在停泊处飘荡了一百多天，最终还是不能离开。北方的风俗，就不屑于离别的凄切，在岔道口告别，高高兴兴地分手。当然，有人天生就很少流泪，即使悲痛得肝肠寸断，双眼依然闪亮有光而无泪。不应该为难和指责这样的人。

【原文】

凡亲属名称，皆须粉墨，不可滥也。无风教者，其父已孤，呼外祖父母与祖父母同，使人为其不喜闻也。虽质于面，皆当加外以别之；父母之世叔父，皆当加其次第以别之；父母之世叔母，皆当加其姓以别之；父母之群从世叔父母及从祖父母，皆当加其爵位若姓以别之。河北士人，皆呼外祖父母为家公家母；江南田里间亦言之。以家代外，非吾所识。

【译文】

凡是称呼亲属，都必须分辨清楚，不能随意乱用。缺乏教养的人，在祖父母去世以后，称呼外祖父、外祖母与称呼祖父、祖母相同，让人听了不舒坦。即使是在外祖父、外祖母的面前，也应该加个"外"字同祖父母区别开；称呼父母亲的伯父、叔父，都应加上他们的长幼顺序来区别；称呼父母亲的伯母、叔母，都应当加上她们的姓氏来区别；称呼父母亲的堂伯父、堂伯母、堂叔父、堂叔母以及堂祖父、堂祖母，都应该加上他们的爵位或者姓氏来区别。黄河以北的士人，都称外祖父、外祖母为家公、家母；江南乡间偶尔也这样称呼。以"家"字来代替"外"字，这其中的缘故我就不清楚了。

【原文】

凡宗亲世数，有从父，有从祖，有族祖。江南风俗，自兹已往，高秩者，通呼为尊，同昭穆者，虽百世犹称兄弟；若对他人称之，皆云族人。河北士人，虽三二十世，犹呼为从伯从叔。梁武帝尝问一中土人曰："卿北人，何故不知有族？"答云："骨肉易疏，不忍言族耳。"当时虽为敏对，于礼未通。

【译文】

同宗亲属的世系辈分，有从父，有从祖，有族祖。江南地区的风俗，也是由此引申而来的，对高官职的人，通称为尊；同一个祖宗辈分相同的人，就算他们相隔百代也还是称兄弟；若是对外人称呼自己宗族的人，则都称族人。黄河以北的士人，虽然隔了二三十代，仍然称从伯、从叔。梁武帝曾经问一个中原人："你是北方人，为什么不知道有族人的称呼呢？"得到的回答是："同宗骨肉之间的关系容易疏远，因此我不忍心用'族'这个称呼。"这在当时虽然算得上一种机智的回答，但从礼仪上却讲不通。

【原文】

吾尝问周弘让曰："父母中外姊妹，何以称之？"周曰："亦呼为丈人。"自古未见丈人之称施于妇人也。吾亲表所行，若父属者，为某姓姑；母属者，为某姓姨。中外丈人之妇，猥俗呼为丈母，士大夫谓之王母、谢母云。而《陆机集》有《与长沙顾母书》，乃其从叔母也，今所不行。

【译文】

我曾经问周弘让："儿女们对父母的姐妹该怎么称呼呢？"他说："也称为丈人。"自古至今还未见过称呼妇人为丈人的。在我的从亲、表亲当中，若是父亲的姐妹，则称其为某姑；若是母亲的姐妹，则称其为某姨。中表长辈的妻子，俗称为丈母，但是士大夫却以王母、谢母等来称呼。《陆机集》中有《与长沙顾母书》，其中的顾母就是陆机的从叔母，这种称呼现在已不通行了。

【原文】

齐朝士子，皆呼祖仆射为祖公，全不嫌有所涉也，乃有对面以相戏者。

【译文】

齐朝的士大夫们，都称祖珽仆射为"祖公"，这样称呼与称自己的祖父混为一谈了，但他们却一点都不忌讳，因此遭到一些人的当面取笑。

古者，名以正体，字以表德，名终则讳之，字乃可以为孙氏。孔子弟子记事者，皆称仲尼；吕后微时，尝字高祖为季；至汉爰种，字其叔父曰丝；王丹与侯霸子语，字霸为君房。江南至今不讳字也。河北士人全不辨之，名亦呼为字，字固呼为字。尚书王元景兄弟，皆号名人，其父名云，字罗汉。一皆讳之，其余不足怪也。

【译文】

古时候，名用来端正礼仪，字用来表明德行，人死后，后人就要避讳他的名，但其字则可以作为子孙辈的姓氏来代代流传。孔子的弟子在记述孔子的言行时，都称孔子的字仲尼；吕后在微贱时，曾称呼汉高祖的字叫他季；到汉人爰种时，称他叔父的字叫丝；王丹和侯霸的儿子交谈时，称呼侯霸的字叫君房。江南地区至今对称字仍不避讳。而北方的士大夫却对名和字完全不加区别，名也叫作字，字自然还叫作字。尚书王元景兄弟俩，都被称为名人，其父名云，字罗汉，俩人对父亲的名字都很避讳，其他人的诸多避讳当然就不足怪了。

【原文】

《礼·间传》云："斩缞之哭，若往而不反；齐缞之哭，若往而反；大功之哭，三曲而偯；小功缌麻，哀容可也，此哀之发于声音也。"《孝经》云："哭不偯。"皆论哭有轻重质文之声也。礼以哭有言者为号；然则哭亦有辞也。江南丧哭，时有哀诉之言耳；山东重丧，则唯呼苍天，期功以下，则唯呼痛深，便是号而不哭。

【译文】

　　《礼记·间传》中说："穿斩缞的丧服居丧时，一声痛哭便至气竭，好像再也醒不来；穿齐缞的丧服居丧时，要哭得死去活来；穿大功丧服居丧时，要哭得一声三折，余音犹存；穿小功、缌麻丧服居丧时，只要表现出悲哀的表情就行了。这些就是悲痛通过声音所要体现的。"《孝经》说："孝子痛失双亲，哭声不拖余音。"这些都是论说哭泣的轻重、直婉。在丧礼中，人们把边哭边哀诉称为号，这样一来，哀哭也就可以带有言辞了。江南地区的人们居丧哀哭时常常夹杂着哀诉的言辞；北方人在服重丧时，只知道呼天抢地地痛哭，而在服期功以下丧服时，则只是叫呼悲痛深重，这便是号而不哭。

【原文】

　　江南凡遭重丧，若相知者，同在城邑，三日不吊则绝之；除丧，虽相遇则避之，怨其不己悯也。有故及道遥者，致书可也；无书亦如之。北俗则不尔。江南凡吊者，主人之外，不识者不执手；识轻服而不识主人，则不于会所而吊，他日修名诣其家。

　　江南人凡遇到重大丧事，若是有要好的知心朋友住在同一个城邑，在三天之内还不来吊唁的，丧家就会和他断交；在丧服之后，即使丧家与他在路上碰到，也会故意避开而不打招呼，这是因为丧家从心里埋怨他对自己缺少同情心。若是有其他特殊原因或是路途遥远而无法前来吊唁的，则可以写封信以表示慰问；若不写信，则丧家同样也会与他断交。但是北方的风俗就不是这样。江南地区凡来吊唁的人，除了丧主之外，不和不认识的人握手；若只认识丧家的远亲而不认识丧主，就不必到现场吊唁，过几天制一张名刺送到丧家表示慰问就行了。

【原文】

　　阴阳说云："辰为水墓，又为土墓，故不得哭。"王充《论衡》云："辰日不哭，哭必重丧。"今无教者，辰日有丧，不问轻重，举家清谧，不敢发声，以辞吊客。道书又曰："晦歌朔哭，皆当有罪，天夺其算。"丧家朔望。哀感弥深，宁当惜寿，又不哭也？亦不谕。

【译文】

　　阴阳家说："辰日是水墓，又是土墓，所以不能哭丧。"王充在《论衡》中说："辰日不能哭丧，如果哭丧一定会再死人。"如今一些没有教养的人，辰日遇到丧事，不论轻重，全家都很寂静，不敢发出哭声，并且还谢绝前来吊唁的人。道家的书上说："晦日唱歌，朔日哭泣，都是有罪的，上天会减损他的寿命。"丧家在朔日和望日，哀痛的感情特别深切，难道说为了珍惜自己的命，就应该不哭泣了吗？这真叫人想不通。

【原文】

偏傍之书，死有归杀。子孙逃窜，莫肯在家；画瓦书符，作诸厌胜；丧出之日，门前然火，户外列灰，祓送家鬼，章断注连；凡如此比，不近有情，乃儒雅之罪人，弹议所当加也。

【译文】

旁门左道的书里讲，人死后某一天灵魂要回家一次，这一天子孙们纷纷避在外面，谁也不肯留在家里；又说，用画瓦书符等方法，来做种种巫术法术镇邪制妖；还说，出丧那天，要在门前生火，屋外铺灰，以除灾去邪，送走家鬼，上章以求断绝死者所患疾病传染延续到家人。所有这类迷信恶俗的做法，都非常不近情理，是儒学雅道的罪人，应该加以批判。

【原文】

己孤，而履岁及长至之节，无父，拜母、祖父母、世叔父母、姑、兄、姊，则皆泣；无母，拜父、外祖父母、舅、姨、兄、姊，亦如之：此人情也。

【译文】

父亲或母亲过世后，在元旦和冬至的时候，若是父亲去世了，则要去拜见母亲、祖父母、伯叔父母、姑母、兄长、姐姐，且拜时都要痛哭；若是母亲去世了，则要去拜见父亲、外祖父母、舅父、姨母、兄长、姐姐，且一样要痛哭。这些均为人之常情！

【原文】

江左朝臣，子孙初释服，朝见二宫，皆当泣涕；二宫为之改容。颇有肤色充泽，无哀感者，梁武薄其为人，多被抑退。裴政出服，问讯武帝，贬瘦枯槁，涕泗滂沱，武帝目送之曰："裴之礼不死也。"

【译文】

江东的朝廷大臣过世后，其子孙服丧届满，刚脱下丧服的时候，若是去朝见天子和太子，则都要痛哭流涕；天子和太子也会为之动容。不过，也有人在朝拜时毫无悲痛之色，梁武帝就鄙薄他们的为人，这样的人往往遭到贬退降谪。裴政脱去丧服后，按照僧侣的礼节朝见梁武帝，他面容消瘦憔悴，涕泪不止。梁武帝目送他离去，说道："裴之礼没有死啊！"

【原文】

二亲既没，所居斋寝，子与妇弗忍入焉。北朝顿丘李构，母刘氏，夫人亡后，所住之堂，终身镮闭，弗忍开入也。夫人，宋广州刺史纂之孙女，故构犹染江南风教。其父奖，为扬州刺史，镇寿春，遇害。构尝与王松年、祖孝征数人同集谈宴。孝征善画，遇有纸笔，图写为人。顷之，因割鹿尾，戏截画人以示构，而无他意。构怆然动色，便起就马而去。举座惊骇，莫测其情。

父母过世后，其生前斋戒时所住的房屋，子女都不忍心再进去。北朝时顿丘有个名叫李构的人，其母刘夫人过世后，她生前的屋子就紧锁了，李构一辈子都不忍再进去。李构的夫人是北宋广州刺史刘纂的孙女，因此他在礼仪上仍受南方风俗的影响。李构的父亲李奖，曾是扬州的刺史，在镇守寿春时被人杀害。一次李构和王松年、祖孝征等人在一起聚宴，祖孝征本人擅长绘画，并且他只要看到纸笔，就总要画人物。宴会刚开始，就有人割下一条鹿尾准备做菜用，祖孝征就突发奇想，截下一段鹿尾来作画。他将画好了的人物拿给李构看。他当时这样做并没有什么特别的用意，但李构一看，立即十分伤心，并立刻起身骑马而去，在座的人都很吃惊，不知道发生了什么事情。

【原文】

祖君寻悟，方深反侧，当时罕有能感此者。吴郡陆襄，父闲被刑。襄终身布衣蔬饭，虽姜菜有切割，皆不忍食；居家惟以掐摘供厨。江宁姚子笃，母以烧死，终身不忍啖炙。豫章熊康父以醉而为奴所杀，终身不复尝酒。然礼缘人情，恩由义断，亲以噎死，亦当不可绝食也。

【译文】

经过反复思考，祖孝征才明白是怎么一回事了，他深感不安，在当时已经很少有人能感悟到这一点了。吴郡有个名叫陆襄的人，其父陆闲被处死刑，陆襄一辈子就只穿布衣，吃素食，即使是生姜之类，凡是用刀切过的，他都不忍去吃，他家下锅的菜也是掐摘的。江宁有个名叫姚子笃的人，其母是被大火烧死的，他就终生不吃烧肉。豫章有个名叫熊康的人，其父是酒醉后被奴仆杀死的，熊康便一生不再喝酒。然而事实上，礼仪是根据人情制定的，报德也要看这种方式是否合理，亲人若是因为吃饭而噎死的，难道就要因此而绝食吗？

【原文】

《礼经》：父之遗书，母之杯圈，感其手口之泽，不忍读用。政为常所讲习，雠校缮写，及偏加服用，有迹可思者耳。若寻常坟典，为生什物，安可悉废之乎？既不读用，无容散逸，惟当缄保，以留后世耳。

【译文】

《礼经》中说："父亲留下的书籍，母亲用过的杯圈，子女觉得上面有父母遗留下的汗水和口气，就不忍再阅读使用。"正因为这些书籍是他们生前所常讲习，经校勘抄写的，或者是他们个人使用的，上面都有他们的遗迹可供思念。倘若是一般的书籍，或是日常的生活用品，怎能统统废弃不用呢？父母的遗物既已不读不用，又不敢随意散佚，那就只能封存保留传给后代了。

【原文】

思鲁等第四舅母，亲吴郡张建女也，有第五妹，三岁丧母。灵床上屏风，平生旧物，屋漏沾湿，出曝晒之，女子一见，伏床流涕。家人怪其不起，乃往抱持，荐席淹渍，精神伤怛，不能饮食。将以问医，医诊脉云："肠断矣！"因尔便吐血，数日而亡。中外怜之，莫不悲叹。

思鲁兄弟几个的四舅母，是吴郡张建的女儿，她的母亲在她的五妹刚三岁时就去世了。灵座上摆着的是她母亲生前使用的屏风。有一次，屏风因房屋漏雨而被打湿了，那女孩一见到拿出去晾晒的屏风，就趴在床上痛哭不止。家人见她一直趴在床上不起来，感到很奇怪，就过去抱她起来，却发现床上的席垫都已经被泪水浸透了。伤心欲绝的她，茶不思饭不想。家人带她去看医生，医生诊脉后说道："她已经伤心得肝肠寸断了！"果然没几天，女孩子就吐血而死了。人人都为她感到惋惜，不停地悲伤感叹。

【原文】

《礼》云："忌日不乐。"正以感慕罔极，恻怆无聊，故不接外宾，不理众务耳。必能悲惨自居，何限于深藏也？世人或端坐奥室，不妨言笑，盛营甘美，厚供斋食；迨有急卒，密戚至交，尽无相见之理；盖不知礼意乎！

【译文】

《礼记》中说："忌日不宴饮作乐。"这是因为这一天家人有无尽的感伤和哀思，这样悲痛哀伤，当然是不接待宾客了，也无法处理日常事务。但是，倘若人们真的是打心底发出的悲痛和哀伤，那又何苦非让自己深藏不露呢？当今有些在忌日那天端坐在深室的人，仍然会谈笑风生，他们照样置办盛宴，给死者供奉丰厚的斋食。但是，对于一些需要解决的紧急事情，或是附近亲友来访，他们却认为不应该去办或去接见，这样看来，都是因为他们并不懂得什么是礼仪啊。

【原文】

　　魏世王修母以社日亡；来岁社日，修感念哀甚，邻里闻之，为之罢社。今二亲丧亡，偶值伏腊分至之节，及月小晦后，忌之外，所经此日，犹应感慕，异于余辰，不预饮宴、闻声乐及行游也。

【译文】

　　魏朝王修的母亲去世那天正逢社日。等第二年的社日，王修还是很哀痛，邻居们知道后，就特地将欢庆社日的活动取消了。如今，若父母丧亡的日子，偶尔赶在了春分、秋分、夏至、冬至等节气，抑或是碰到小月晦后的那一天，除了应遵守一般忌讳的规矩外，人们还应该将这一天与其他日子有所区别以感念父母，不能去赴宴或外出玩乐。

【原文】

　　刘绦、缓、绥，兄弟并为名器，其父名昭，一生不为照字，惟依《尔雅》火旁作召耳。然凡文与正讳相犯，当自可避；其有同音异字，不可悉然。"刘"字之下，即有昭音。吕尚之儿，如不为上；赵壹之子，倘不作一：便是下笔即妨，是书皆触也。

【译文】

　　刘绦、刘缓、刘绥三兄弟都很有名望，其父亲名昭，因此他们终生都不写照字，只是依据《尔雅》，用"火"旁加"召"来替代。当然，在写文章时，若遇与正名相同的字，是应该避讳的，但是如果遇到的是与正名同音的异体字，那就没必要再避讳了。"刘"字的下半部分，就有"昭"的发音（这里指繁体"劉"）。吕尚的儿子如果不能写"上"字，赵壹的儿子如果不能写"一"字，则一下笔就会有妨碍，只要是书札就全都犯讳了。

【原文】

尝有甲设宴席，请乙为宾；而且于公庭见乙之子，问之曰："尊侯早晚顾宅？"乙子称其父已往，时以为笑。如此比例，触类慎之，不可陷于轻脱。

【译文】

甲曾设宴，请乙前来做客。甲早上在官署见到乙的儿子，就问道："令尊大人何时可以光顾寒舍？"乙的儿子回答说他的父亲已经去了，一时间，这件事情被当作笑柄广为流传。类似的事情，一定要慎重对待，万不可掉以轻心，以致给人留下不稳重、不成熟的印象。

【原文】

江南风俗，儿生一期，为制新衣，盥浴装饰，男则用弓矢纸笔，女则刀尺针缕，并加饮食之物，及珍宝服玩，置之儿前，观其发意所取，以验贪廉愚智，名之为试儿。亲表聚集，致宴享焉。自兹已后，二亲若在，每至此日，尝有酒食之事耳。无教之徒，虽已孤露，其日皆为供顿，酣畅声乐，不知有所感伤。梁孝元年少之时，每八月六日载诞之辰，常设斋讲；自阮修容薨殁之后，此事亦绝。

　　江南地区的风俗，在孩子出生一周年的时候，要给孩子缝制新衣，洗浴打扮。若是男孩就给他们准备弓箭纸笔，若是女孩就给她们准备刀尺针线，再加上饮食、珍宝和衣服玩具，将这些全放在孩子面前，用观察他们拿什么来测试孩子的贪廉愚智及其志向，这叫作"试儿"。这一天，亲属姑舅姨等表亲聚集一堂，大家欢宴一番。此后，只要父母在世，则每逢这个日子都要设宴欢庆。但是有些缺乏教养的人，即使双亲已经过世了，还要在生日那天大吃一顿，而且尽情玩乐，丝毫不懂得这一天该为一生含辛茹苦的双亲悲痛。梁元帝少年时，每到八月六日生日这天，都要摆下素食，讲习经文。直到文宣太后去世，方不这么做了。

【原文】

　　人有忧疾，则呼天地父母，自古而然。今世讳避，触途急切。而江东士庶，痛则称祢。祢是父之庙号，父在无容称庙，父殁何容辄呼？《仓颉篇》有㿗字，《训诂》云："痛而呼也，音羽罪反。"今北人痛则呼之。《声类》音于耒反，今南人痛或呼之。此二音随其乡俗，并可行也。

【译文】

　　自古以来，人在遇到难事或是生病的时候，往往会呼天喊地唤父母。如今的人处处比古人更讲究避讳。江东地区的人们，悲伤时都呼喊："祢。""祢"字是指父亲的庙号。父亲活着的时候不存在立庙，因此不该去喊；而父亲死后，虽然要立庙，但也不应该动辄乱喊呀。《仓颉篇》中有个"唷"字，《训话》中说："痛而呼也，音羽罪反。"意思是人在悲痛时发出的呼喊，其读音为羽罪切。现在北方地区的人在悲痛时就这样呼喊。《声类》中又说它的发音为于未切，现在南方地区的人在悲痛时这样呼喊。尽管这两种发音由于地域风俗的不同而存在差异，但都是可以用的。

【原文】

梁世被系劾者，子孙弟侄，皆诣阙三日，露跣陈谢；子孙有官，自陈解职。子则草屩粗衣，蓬头垢面，周章道路，要候执事，叩头流血，申诉冤枉。若配徒隶，诸子并立草庵于所署门，不敢宁宅，动经旬日，官司驱遣，然后始退。江南诸宪司弹人事，事虽不重，而以教义见辱者，或被轻系而身死狱户者，皆为怨雠，子孙三世不交通矣。到洽为御史中丞，初欲弹刘孝绰，其兄溉先与刘善，苦谏不得，乃诣刘涕泣告别而去。

【译文】

在梁朝，官吏被拘禁，其子孙弟侄均要持续三天到朝廷谢罪，且不能戴帽穿鞋；若子孙中有做官的，还要主动请求免官。他的儿子则须穿上草鞋布衣，蓬头垢面，惶恐不安地在路上迎候主事官员，叩头至流血，为父亲申冤。如果被拘囚的人被发配去服苦役，则他的儿子们就得在官署门前搭个小草棚栖身，而不敢安居家中，这样往往一连住十几天，直到官府来驱逐。江南地区的诸位御史具有弹劾纠察官吏的权力，有些官宦所犯案情并不严重，有的是因为教义而受弹劾，有的是稍受牵连而被拘囚，身死狱中，于是，这些人家便与御史就此结下了怨仇，双方子孙三代不相往来。到洽当御史中丞的时候，便要弹劾刘孝绰。到洽的哥哥到溉则与刘孝绰的关系很亲密，在苦苦规劝弟弟却未能奏效的情况下，他只好前往刘孝绰那里，与他挥泪而别了。

【原文】

兵凶战危，非安全之道。古者，天子丧服以临师，将军凿凶门而出。父祖伯叔，若在军阵，贬损自居，不宜奏乐宴会及婚冠吉庆事也。若居围城之中，憔悴容色，除去饰玩，常为临深履薄之状焉。父母疾笃，医虽贱虽少，则涕泣而拜之，以求哀也。梁孝元在江州，尝有不豫；世子方等亲拜中兵参军李猷焉。

【译文】

持武器打仗，总是会有凶险发生的，因为这本来就是危险的事情。古时打仗之前，君王总要身穿丧服去探望军士，将军则更是劈开北门这扇凶门而率队出发。如若自己的父亲、伯父、叔父也在军中，则自己就应压抑欲望，不应再讲究日常起居，更不应再参加那些歌舞宴会等娱乐欢庆活动。如若他们身陷被包围的险境之中，则自己更要面容憔悴，身上不要再佩戴任何饰物，要时刻表现出如临深渊，担心城池被敌攻陷的样子。如若双亲患病，且病情危急的时候，即使医生的身份低于自己，或者医生比自己年轻，那也要哭着前去向医生求救，以求得他的同情。梁元帝在东州时，生过一场大病，他的长子方等就亲自去拜求过他的下属中兵参军李猷。

【原文】

四海之人，结为兄弟，亦何容易。必有志均义敌，令终如始者，方可议之。一尔之后，命子拜伏，呼为丈人，申父友之敬；身事彼亲，亦宜加礼。比见北人，甚轻此节，行路相逢，便定昆季，望年观貌，不择是非，至有结父为兄、托子为弟者。

【译文】

五湖四海之人，结义拜为兄弟，也不能随便，一定要志同道合，始终如一的，这样的人才能谈及此事。一旦结拜了，就要叫自己的儿子出来拜见，称呼对方为"丈人"，表达对父亲朋友的敬意，自己对对方的双亲，也应该施礼。近来见到北方人对这一点很轻率，路上相遇，就可结成兄弟，只需看年纪长幼，不讲是非就排定大小，甚至有结父辈为兄、结子辈为弟的错误出现。

【原文】

昔者，周公一沐三握发，一饭三吐餐，以接白屋之士，一日所见者七十余人。晋文公以沐辞竖头须，致有图反之诮。门不停宾，古所贵也。失教之家，阍寺无礼，或以主君寝食嗔怒，拒客未通，江南深以为耻。黄门侍郎裴之礼，号善为士大夫，有如此辈，对宾杖之；其门生僮仆，接于他人，折旋俯仰，辞色应对，莫不肃敬，与主无别也。

【译文】

从前，周公宁愿在洗头的时候三次挽发停下，吃饭时三次将吃进嘴里的食物吐出，去接待来访的贫寒贤士，曾在一天内接见了七十多人。而晋文公却以正在洗头为借口，拒绝接见童仆头须，他也因此而被头须调笑为思维颠倒。不能让来访的客人等在门外，这是古人所崇尚的礼节。那些缺乏教养的人家，他们的看门人也都没有礼貌，他们往往以主人正在睡觉、吃饭或发脾气为借口，拒来访之客于门外，不为客人通报，江南地区的人觉得这种做法是很可耻的。黄门侍郎裴之礼，被称作能为人楷模的士大夫，如果家中仆人怠慢客人，一旦被他发现，仆人便会当面遭到惩罚。他家的门生、童仆在接待宾客时，进退礼仪，言行举止，没有不严肃恭敬的，在礼节上与对待主人没有一点区别。

【评析】

中国是礼仪之邦，中国古人有重视礼仪的传统，礼仪的教育源远流长。"礼"是一切行动的基础，中国人讲究的"礼、义、廉、耻"，"礼"是排在首位的，一个人若不懂"礼"，其他一切便是空谈。没有人喜欢跟一个目中无人、骄傲蛮横的人共事，更不要说为其提供指导和帮助了。而一个人的成功是在多方助力的作用下取得的，《三字经》中说："为人子，方少时。亲师友，习礼仪。"意思是说："为人子弟者，从小时候起就要亲近良师、结交益友，以便从他们那里学习到许多待人处事、应对进退的礼仪和知识。"《礼记》篇首第一句话就是"毋不敬，俨若思"。人随时随地都要庄重诚敬，内心保持着这种庄重，待人接物不离诚敬，专注于自己内心的修养，才能达到"礼"的境界。待人以诚、进退有度才能不失君子风范，才能赢得他人的尊敬和青睐，也才能为自己的成功增添砝码。

本篇讲的大都是礼仪方面的问题。颜氏在开篇就道出了写作的目的，就是对子孙进行风范、礼仪的教育。古代的《礼经》是一部关于礼仪的专著。它讲的都是圣人的教诲，诸如在长辈面前如何使用扫帚，如何使用碗筷，如何应对，不许随意咳嗽、吐痰，如何持烛照明，端盆送水侍奉长辈洗手等礼节，都有条文规定。

颜氏在本篇讲了很多礼仪的范畴，比如"避讳""称谓""离别""葬丧""待人接物"的风俗，等等。他认为这些方面看似很小，但是却能从中看出一个人是否有礼貌，是否有教养，他指出绝对不能忽视细节，事情再小也要慎重对待，绝不可掉以轻心，不然会给人留下不稳重、不成熟的印象。因此这些都是应该遵循的，但是并不是照单全收，对其中的不合理部分他还是持反对态度的。在待人接客方面，颜氏告诫子孙不但本人要善待宾客，而且还要教育仆人善待宾客，这才是士大夫风范。此外，颜氏还对那种认为人死后鬼魂还会在某一天回家等民俗中的恶俗和陋俗予以否定与谴责，认为应该在破除之列。对于一个古人来说，这是很可贵的。

在礼节繁多的封建社会，要求人子学会礼仪是很重要的。因此，很多有名望的人都非常注重对子弟的礼仪教育，这也是将孩子培养成才的关键一步。

五代时，有一个叫窦禹钧的，家住北京燕山附近，人称窦燕山。他为人乐善好施，对孩子的教育，更是非常重视。他遵照圣贤教诲的义理来教育子女，例如他的家庭之礼都按照古礼进行，家中男不乱入，女不乱出，男耕女织，和睦孝顺，他的五个儿子窦仪、窦俨、窦侃、窦偁、窦僖在其教导下均学有所成、知书达理、深明大义，所以才有五子联科，光耀门楣。其中大儿子做到礼部尚书，二儿子做到礼部侍郎，其余三子也做了官，并获得侍郎冯道的题诗："燕山窦十郎，教子以义方，灵椿一株老，丹桂五枝芳。"后来，五个儿子又同成为北宋初年的名臣，这与他们的父亲良好的教育方法和严格的管束是分不开的。所以，子女能否成为一个德才兼备的栋梁之材，与家庭教育有着密切的关系。

礼是礼，仪是仪，二者不一样。表现于外就是各种礼仪，仪是礼的外在形式，礼又是恭敬的外在表现，所谓内恭外礼。内无恭敬之心，礼仪再多也没有用，礼越多人越虚伪。孔子指出，不是送两包点心就是礼，礼是我们民族的文化精神、文化哲学。老实讲，中国的礼是对己不对人的，是用礼来约束自己方便他人，以达到和为贵的目的。礼像篱笆墙一样，挡君子不挡小人，如果你硬要翻墙而过，也是没有办法的事情。孔子说："人而不仁，如礼何？"一个人如果不自觉，礼对他又有什么用呢？

《劝忍百箴》中说："天理之节文，人心之检制。出门如见大宾，使民如成大祭。当以敬为主，非一朝之可废。钮麑趋于宣子之恭敬，汉兵弭于鲁城之守礼。郭泰识茅容于避雨之时，晋臣知冀缺于耕（馌）之际。季路节缨于垂死，曾子易箦于将毙。噫，可不忍欤！"

大意是："礼"是根据上天的意志做出的一种行为规范，也是对人们行为的一种制约。出门的时候要像迎接地位高的长者那样，使用民力时要像亲临重要的祭祀那样。一定要以恭敬作为基本的行动准则，这不是一朝一夕就能改变的。钮麑因为宣子的恭敬而叹服他；汉军因鲁城守礼而停止了军事进攻。郭泰在躲雨的时候结识了有德的茅容，晋臣臼季在田间吃饭时发现了冀缺。子路在临死的时候都不忘记系好自己的帽带，曾子把身下的席子抽掉才安心地辞世。他们都没有忘记礼教！他们对礼仪的恪守让后人永远铭记！

一年四季更替，日月

星辰运动，都有自己的规则。我们在日常生活中从事各种活动也要遵循一定的规则和礼仪，才能做到井然有序。"礼"是儒家的主张，实际上是要为人们确立一种行为规范。遵守"礼"无疑会约束人们的行为，造成一定的不便，但是忍受这种"礼仪"是我们适应社会生活的基本要求。

俗话说："没有规矩，不成方圆。"礼仪本身就是一种规矩，古人讲究礼仪，今人更应该讲究。"世事洞明皆学问"，为人处世包含着许多基本原则，它们指导我们应该如何考虑问题、怎样采取行动，从而提升办事效率。但是，一些人在进行决策的时候，总是希望打破原有的心理契约，获得更大的自由和利益，这对我们日后的个人信誉是非常有害的。尤其是在社会竞争日益激烈的今天，各行各业都必须有一定的规则，否则一切都将混乱不堪。

慕贤第七

古人云："千载一圣，犹旦暮也；五百年一贤，犹比髆也。"言圣贤之难得，疏阔如此。傥遭不世明达君子，安可不攀附景仰之乎？吾生于乱世，长于戎马，流离播越，闻见已多；所值名贤，未尝不心醉魂迷向慕之也。

【译文】

古人说："一千年出一位圣人，就好像早晚之间就出现一位圣人；五百年出一位贤人，就好像贤人一位接着一位出现一样。"意思是讲圣人、贤人如此稀少难得，相隔那么长时间才出现一位。因此，假如遇上世间少有的明达君子，怎么能不亲近仰慕他呢！我出生在乱世，成长于兵荒马乱之中，颠沛流离，见闻也多，遇上名流贤士，没有不心醉魂迷地向往仰慕的。

【原文】

人在少年，神情未定，所与款狎，熏渍陶染，言笑举动，无心于学，潜移暗化，自然似之；何况操履艺能、较明易习者也？是以与善人居，如入芝兰之室，久而自芳也；与恶人居，如入鲍鱼之肆，久而自臭也。墨翟悲于染丝，是之谓矣。君子必慎交游焉。孔子曰："无友不如己者。"颜、闵之徒，何可世得！但优于我，便足贵之。

【译文】

人在年少的时候，精神意态还未定型，和圣贤之士交往亲密，就会受到人家的熏陶，即使无心去学习他人的言行举止，也会在潜移默化中与之相近，更何况这操行技能，是更为明显易学的东西呢！所以和善人在一起，就好像进入养育芝兰的花房，时间一久自然就芬芳；若是和恶人在一起，就好像进入放满鲍鱼的房间，时间一久自然就腥臭。墨子看到染丝，感叹丝染在什么颜色里就会变成什么颜色，说的也是这个道理。所以君子在交友方面必须谨慎。孔子说："不要和不如自己的人做朋友。"像颜回、闵损那样的圣贤之人，是不常有的，但凡人有胜过我的地方，那就很值得我去敬重他。

【原文】

世人多蔽，贵耳贱目，重遥轻近。少长周旋，如有贤哲，每相狎侮，不加礼敬；他乡异县，微藉风声，延颈企踵，甚于饥渴。校其长短，核其精粗，或彼不能如此矣。所以鲁人谓孔子为东家丘，昔虞国宫之奇，少长于君，君狎之，不纳其谏，以至亡国，不可不留心也。

【译文】

世上的人大多有一种偏见，即相信听到的，轻视自己亲眼看到的；重视过去的和遥远的，轻视现在的和身边的。从小到大常往来的人中，如果有人成了贤士哲人，也往往轻慢对方，对他缺少礼貌尊敬。而对外地的人，稍稍有些名气，就会伸长脖子、踮起脚跟，如饥似渴地想见一见，巴望与他结交。其实要是真正比较二者的短长，审察二者的优劣，也许远处的圣人还不如身边的贤人呢！或者正是出于这种心理，鲁人对孔子才不够敬重，随随便便地叫他"东家丘"。从前虞国的宫之奇，从小生长在虞君身边，虞君对他很随便，对他也很轻视怠慢，听不进他的劝谏，最后导致国家灭亡。这样的教训真的不能不留心啊！

【原文】

用其言，弃其身，古人所耻。凡有一言一行，取于人者，皆显称之，不可窃人之美，以为己力；虽轻虽贱者，必归功焉。窃人之财，刑辟之所处；窃人之美，鬼神之所责。

【译文】

采纳一个人的主张，却不厚待这个人，古人认为这是非常可耻的。哪怕是一句话，或一个举措，只要是从别人那里学来的，都应该说明来历，公开弘扬，绝不能掠人之美，当成自己的；即使那个人地位低下、身份卑微，也要把功劳归还他。盗窃他人的财物，会受到刑律的惩罚；而盗窃他人的功绩，则会受到鬼神的惩罚。

【原文】

梁孝元前在荆州，有丁觇者，洪亭民耳，颇善属文，殊工草隶；孝元书记，一皆使之。军府轻贱，多未之重，耻令子弟以为楷法，时云："丁君十纸，不敌王褒数字。"吾雅爱其手迹，常所宝持。孝元尝遣典签惠编送文章示萧祭酒。

【译文】

梁孝元帝从前在荆州时，有个叫丁觇的，只是洪亭地方的普通百姓，很会做文章，尤其擅长写草书、隶书，孝元帝的往来书信，全都由他抄写。可是，军府里却有人看不起他，不愿让自己的子弟模仿学习他的书法，还说什么"丁君写的十张纸，比不上王褒几个字"。我是一向喜爱丁觇的书法的，还经常加以珍藏。后来，梁孝元帝派掌管文书的惠编送文章给祭酒官萧子云看。

【原文】

祭酒问云："君王比赐书翰，及写诗笔，殊为佳手，姓名为谁？那得都无声问？"编以实答。子云叹曰："此人后生无比，遂不为世所称，亦是奇事。"于是闻者少复刮目。稍仕至尚书仪曹郎，末为晋安王侍读，随王东下。及西台陷殁，简牍湮散，丁亦寻卒于扬州；前所轻者，后思一纸，不可得矣。

【译文】

萧子云问道："君王刚才所赐的书信，还有所写的诗笔，真出于好手，此人姓甚名谁，怎么会毫无名声？"惠编如实回答。萧子云叹道："此人在后生中没有谁能比得上，却不为世人称道，也算是奇怪的事情了！"听到这话的人从此以后方对丁觇刮目相看，丁觇的官职也逐步升到尚书仪曹郎，后来又担任晋安王的侍读，随王东下。到元帝被杀西台陷落的时候，书信文件散失埋没，丁觇不久也死于扬州。以前那些轻视丁觇的人，后来想要丁觇的手迹也不可得了。

【原文】

侯景初入建业，台门虽闭，公私草扰，各不自全。太子左卫率羊侃坐东掖门，部分经略，一宿皆办，遂得百余日抗拒凶逆。于时，城内四万许人，王公朝士，不下一百，便是恃侃一人安之，其相去如此。古人云："巢父、许由，让于天下；市道小人，争一钱之利。"亦已悬矣。

【译文】

侯景刚进入建康（南京）时，城门紧闭，但即使这样，城内的官员和普通百姓还是一片混乱，人人不得自保。太子左卫率羊侃坐镇东掖门，部署策划防守事务，一夜之间就将其准备齐备，因此，才得以抗拒凶逆一百多天。当时，城里有四万多人，王公朝官不下一百多人，却凭着羊侃一个人才使局势安定下来，其间才能的高下清晰可见。古人说："巢父、许由，把天下让给别人；而市道小人，却为一钱之利争执不休。"人与人之间的悬殊差异太大了。

【原文】

齐文宣帝即位数年，便沉湎纵恣，略无纲纪；尚能委政尚书令杨遵彦，内外清谧，朝野晏如，各得其所，物无异议，终天保之朝。遵彦后为孝昭所戮，刑政于是衰矣。斛律明月，齐朝折冲之臣，无罪被诛，将士解体，周人始有吞齐之志，关中至今誉之。此人用兵，岂止万夫之望而已哉！国之存亡，系其生死。

【译文】

齐文宣帝即位几年，就开始沉湎酒色、放纵恣肆，法纪全无。但他还能把政事委托给尚书令杨遵彦处理，才使得内外安定，朝野安然，大家各得其所，而无异议，保全了天保一朝。杨遵彦后来被孝昭帝所杀，国家的刑政于是衰弱废弛了。斛律明月是齐朝抵御敌人的将帅功臣，却无罪被杀，将士因此人心离散，北周才有了灭北齐的想法。关中人民到现在还称颂斛律明月。这个人用兵，又岂止是千军万马众望所归！他的生死，关系到国家的存亡命运。

【原文】

张延隽之为晋州行台左丞，匡维主将，镇抚疆场，储积器用，爱活黎民，隐若敌国矣。群小不得行志，同力迁之；既代之后，公私扰乱，周师一举，此镇先平。齐亡之迹，启于是矣。

【译文】

张延隽在任晋州行台左丞时，对主将严格管理扶持，固守国界边疆，广储物资，爱惜百姓，使晋州强大得足足像一个国家。但是，他遭到一些卑鄙小人的大力排挤，因为这些卑鄙小人不能随心所欲；以至于后来，张延隽被取代了。紧接着，晋州上下稳定的局面被打破，北周一举兵，晋州就被扫平了。自此齐朝就开始败亡了。

【评析】

颜氏在此篇中根据古人的说法，结合自己的亲身体验，告诉子孙：圣贤之人实属难得，最重要的是要有慕贤之心、敬贤之情。之所以要这么做，是因为颜氏懂得这样一条重要的教育原理，即环境在教育中的重要作用，提醒家长要特别注意客观环境对子女的影响。中国有句古训："近朱者赤，近墨者黑。"颜氏从中引申出交友必须慎重的道理，告诫子孙要注意选择良师益友。

中国历史上较早懂得环境对个人成长具有重要作用的人，当属孟子的母亲了。孟子幼年丧父，由母亲独自培养，母亲靠给人家纺纱织布维持生计，母子俩过着清贫的生活。即使在这样的条件下，孟母都没有放松过对儿子的教育，为了使儿子有一个良好的学习环境，她三次迁居。

孟子年幼时家住在凫村的一片墓地附近。他经常和小伙伴们去看出殡埋葬死人，回村后，便和小伙伴们一起堆土坟，学打幡、抱罐，还学死者亲属的各种哭法。有的悲切凄楚，感天动地；有的明哭暗笑，掩人耳目；有的幸灾乐祸，假情假意。母亲看到这种情况，感到在此居住下去对孩子的成长极为不利，于是搬到邹国中心去住。没想到新居靠近集市，孟子经常到集市上去玩，他听到的是各种叫卖声，看到的是商贾竞相牟利的各种行径，慢慢地也羡慕起做买卖、挣大钱来。他经常和小伙伴们玩做生意耍花招的游戏，看谁骗得了谁。母亲目睹儿子的作为，担心儿子学坏，终日吃不好、睡不安。她觉得在这样的环境中生活下去，儿子必然变成一个见钱眼开、唯利是图的人。

孟母感叹地说："这也不是我儿应住的地方啊！"于是孟母决定再次搬家。孟母经过选择把家搬到一所学校附近。这里环境幽静，又能常常听到琅琅的读书声，看到师生们彬彬有礼的文明之举。这里的环境使孟子产生了学习的兴趣。看到这些，孟母满意地说："这才是我们居住的好地方。"从此，孟家便在那里安居下来。孟子到了新的学习环境中，进步很快。从此，他专心读书，持之以恒，终于成了我国历史上一位杰出的思想家、教育家，被称为"亚圣"。

可见，无论是自然环境还是人文环境，都会对一个人产生重大的影响。颜氏指出，人在幼年时，"神情未定"，很容易学习模仿周围人，很容易受到别人的"熏渍陶染"，而这种影响又是一个"潜移默化"的过程。就像他在文中说的那样："与善人居，如入芝兰之室，久而自芳也；与恶人居，如入鲍鱼之肆，久而自臭也。"也就是说，与好人相处的时间长了，就会受其影响而逐渐变好；与坏人相处的时间长了，就会受其影响而逐渐变坏。因此，才教育子弟要对贤人有敬慕之情。颜氏还主张对贤人要抛弃一切偏见，不仅要礼敬远贤，而且要礼敬近贤；不仅要仰慕古代圣贤，而且要仰慕当代贤才。如此一来，孩子就会在有意无意间学习效仿贤人，向着贤人的方向发展。

英国的塞缪尔·斯迈尔斯说过："与优秀的人交往，就会从中吸取营养，使自己得到长足的发展；相反，如果与恶人为伴，那么自己必定遭殃。"拉伯雷在谈到对其作品《巨人传》中的巨人的教育时说："与品格高尚的人住在一起，你会感觉到自己也在其中受到了升华，自己的心灵也被他们照亮。"西班牙一句谚语也说："和豺狼生活在一起，你也会学会嗥叫。"这些都说明了环境对一个人成长的重要作用。

蓬生麻中，不扶自直。当一个人年轻时，正是受外界影响最大的时候，要选择正直优秀的朋友，其带来的教益是无法用金钱衡量的。反之，如果受到不良的熏陶、诱惑，其后果甚至是一生都无法挽回的。

此外，颜氏还提出了在今天看来依然是具有现实意义的问题，那就是对于"窃人之财"和"窃人之美"的批判。认为无论是什么，哪怕是一句言论或是一种美德，只要是从别人那里学来的，就要说明来历，绝不可把别人的东西占为己有，否则都是不光彩的。这个观点至今读起来还是具有新鲜感，因为它具有现实意义。

最后，颜氏还告诫子孙不要被世俗的眼光所左右，告诉子孙不但要有慕贤之心，不要有识贤之眼，不然就很可能会与贤人失之交臂。这一点在今天显得尤为重要。所谓"千里马常有而伯乐不常有"，在各行各业的竞争都日益激烈的今天，最重要的是人才的竞争，一个人如果没有识别人才的慧眼，怎么知道该向谁学习呢？一个决策者如果没有识别人才的慧眼，还能用什么来发展自己呢？如此一来，想在激烈的竞争中立于不败之地岂不成了天方夜谭？

卷三

勉学第八

【原文】

自古明王圣帝，犹须勤学，况凡庶乎！此事遍于经史，吾亦不能郑重，聊举近世切要，以启寤汝耳。士大夫子弟，数岁已上，莫不被教，多者或至《礼》、《传》，少者不失《诗》、《论》。及至冠婚，体性稍定；因此天机，倍须训诱。有志尚者，遂能磨砺，以就素业；无履立者，自兹堕慢，便为凡人。

【译文】

自古以来，贤王圣帝都必须勤奋学习，更何况是普通人呢！这类事情在经籍史书中随处可见，我也不能一一列举，只举近世重要的事例来启发提醒你们吧。士大夫子弟，几岁以后，没有不受教育的，多的读了《礼记》《春秋》，少的也起码读了《诗经》和《论语》。到了加冠成婚的年纪，体质性情逐渐定型，这时更要凭着这天赋的机灵，加倍教训诱导。有志向的人，就能经受磨炼，成就事业；而那些没有志向、缺乏毅力的人，从此怠惰，就会成为平庸之人。

【原文】

人生在世，会当有业：农民则计量耕稼，商贾则讨论货贿，工巧则致精器用，伎艺则沈思法术，武夫则惯习弓马，文士则讲议经书。多见士大夫耻涉农商，差务工伎，射则不能穿札，笔则才记姓名，饱食醉酒，忽忽无事，以此销日，以此终年。或因家世余绪，得一阶半级，便自为足，全忘修学；及有吉凶大事，议论得失，蒙然张口，如坐云雾；公私宴集，谈古赋诗，塞默低头，欠伸而已。有识旁观，代其入地。何惜数年勤学，长受一生愧辱哉！

【译文】

人生在世，应当有自己所专门从事的职业：农民则商议耕稼，商人则讨论货财，工匠则精造器用，懂技艺的人则考虑方法技术，武夫则练习骑马射箭，文士则研究议论经书。然而总有一些士大夫既不涉足农商，也不从事工技，并以此为耻。射箭则不能射穿最外层的铠甲，动笔则只会读写他自己的姓名，终日吃喝玩乐，无所事事，空虚无聊，以此来打发日子，终尽天年。有的凭家世余荫，弄到一官半职，就自以为是，不思进取，全忘学习；遇到重大事件，议论得失，他们就昏昏然张口结舌，像坠入云雾之中；在参加官府或私人的宴会时，别人谈古赋诗，他却或沉默低头，或打呵欠伸懒腰。那些有见识的人在一旁看到，都替他羞愧得恨不得找个地缝钻进去。他们当初为什么不愿用几年时间刻苦学习，而要一辈子长时间受羞辱呢？

【原文】

梁朝全盛之时，贵游子弟，多无学术，至于谚云："上车不落则著作，体中何如则秘书。"无不熏衣剃面，傅粉施朱，驾长檐车，跟高齿屐，坐棋子方褥，凭斑丝隐囊，列器玩于左右，从容出入，望若神仙。明经求第，则顾人答策；三九公宴，则假手赋诗。当尔之时，亦快士也。及离乱之后，朝市迁革。铨衡选举，非复曩者之亲；当路秉权，不见昔时之党。

【译文】

全盛时期的梁朝，贵族子弟多不学无术，以致当时流传这样的说法："上车不掉下来的，就可以成著作郎了；提笔能写形体如何的，就可以当秘书郎了。"他们个个用香草熏衣，修鬓剃面，涂脂抹粉，出入也都是乘坐一种长檐车，穿的都是高跟齿屐，坐的都是织成方格图案的方形坐褥，靠的都是杂色背靠垫。他们的双手都拿着玩赏的物品，进进出出，从容悠闲，远远看过去好像神仙一样。到了该考取功名时，就雇人去考；参加三公九卿的宴会，又假借他人的诗词。那时，他们也挺像名士。一旦动乱爆发，改朝换代后，掌管考核和朝政大权的人已经不是自己的那些亲朋好友了。

【原文】

求诸身而无所得，施之世而无所用。被褐而丧珠，失皮而露质，兀若枯木，泊若穷流，孤独戎马之间，转死沟壑之际。当尔之时，诚驽材也。有学艺者，触地而安。自荒乱已来，诸见俘虏。虽百世小人，知读《论语》、《孝经》者，尚为人师；虽千载冠冕，不晓书记者，莫不耕田养马。以此观之，安可不自勉耶？若能常保数百卷书，千载终不为小人也。

【译文】

而此时，他们就是想自力更生，也没有什么能力；想出人头地，又拿不出什么本领。他们只能身着粗布麻衣，没有了珠宝和华丽的外表，露出了本来的面目，就好比是没有树叶的枯木，没有流水的河流，在兵荒马乱中颠沛流离，于沟壑之间辗转丧命。此时，他们成了绝对的蠢材，而那些有真才实学的，就能随遇而安。自兵荒马乱以来，我看过很多俘虏，即使他们世代是平民百姓，但因他们是知读《论语》和《孝经》的人，所以还能给别人当老师；即使是当了一辈子官的，因为他们不懂得读书写字，最终还是会沦为耕田养马的平民。人们怎么可以不奋发图强，刻苦学习呢？如果人能经常识几百卷书，那么即使时代再变迁，他也不会沦为低下的小人。

【原文】

夫明《六经》之指，涉百家之书，纵不能增益德行，敦厉风俗，犹为一艺，得以自资。父兄不可常依，乡国不可常保，一旦流离，无人庇荫，当自求诸身耳。谚曰："积财千万，不如薄技在身。"伎之易习而可贵者，无过读书也。

【译文】

通晓六经的要旨，博览诸子百家的著作，即使不能增益个人的德行，改变社会风气，但总算掌握了一门技艺，可以用来自谋生路。父亲和兄长是不能长期依靠的，家乡也不能永远保佑你安全无事，一旦被迫颠沛流离，无人能庇护你的时候，就只有依靠自己了。俗语说："积财千万，不如薄技在身。"所有技艺当中最容易学会而又值得推崇的当然非读书莫属了。

【原文】

世人不问愚智，皆欲识人之多，见事之广，而不肯读书，是犹求饱而懒营馔，欲暖而惰裁衣也。夫读书之人，自羲、农已来，宇宙之下，凡识几人，凡见几事，生民之成败好恶，固不足论，天地所不能藏，鬼神所不能隐也。

【译文】

世人无论愚蠢还是聪明，都希望自己见多识广，但却又不肯用功读书，这就像想要吃饱饭却又不想自己动手去做，想要穿衣服暖身却又懒怠去裁衣一样。那些读书的人，自伏羲、神农以来，天下所见之人，所识之事，他们都是懂得的。一般平民百姓的成败好坏，当然不用说了，就连天地万物之间蕴含的道理、鬼神之事等，也都无法逃过他们的眼睛。

【原文】

有客难主人曰："吾见强弩长戟，诛罪安民，以取公侯者有矣；文义习吏，匡时富国，以取卿相者有矣；学备古今，才兼文武，身无禄位，妻子饥寒者，不可胜数，安足贵学乎？"主人对曰：夫命之穷达，犹金玉木石也；修以学艺，犹磨莹雕刻也。金玉之磨莹，自美其矿璞，木石之段块，自丑其雕刻；安可言木石之雕刻，乃胜金玉之矿璞哉？不得以有学之贫贱，比于无学之富贵也。

【译文】

有位客人为难我，说："我看到有人靠手持强弩长戟去讨伐叛逆，安抚百姓，来博取公侯之爵位；有人靠评析法度，扶邦强国，来博取卿相职位；但还有人虽博古通今，文武双全，却没见得到什么爵位俸禄，妻儿饥寒交迫，这样的人多得数不过来。既然这样，学习还有什么可贵之处呢？"我回答说：一个人的命运好坏就好像是金玉与木石。钻研学问，掌握技艺，就好像琢磨金玉和雕刻木石。金玉经过琢磨，就比未经冶炼的金属更加美丽；木石经过雕刻就会比原来的木石精致漂亮。然而，这怎能说雕刻的木石比矿、璞更加美丽？因此，我们不应该把有学问的低下人与有学问的富贵人相比。

【原文】

且负甲为兵，咋笔为吏，身死名灭者如牛毛，角立杰出者如芝草；握素披黄，吟道咏德，苦辛无益者如日蚀，逸乐名利者如秋荼，岂得同年而语矣。且又闻之：生而知之者上，学而知之者次。所以学者，欲其多知明达耳。必有天才，拔群出类，为将则阍与孙武、吴起同术，执政则悬得管仲、子产之教，虽未读书，吾亦谓之学矣。今子即不能然，不师古之踪迹，犹蒙被而卧耳。

【译文】

况且披上铠甲的兵士、操笔的小吏、身死名灭的人像牛毛一样多，而出名的人却像芝草一样少；刻苦读书的人，颂扬传播道德的人，辛苦而又无好处的人就像日食那样少见，而追名逐利的人却像秋天的荼花那样多，二者当然是不可同日而语的！更何况我又听说，人一生下来就先知先觉的为天才，通过学习才觉知的人则稍差一等。人之所以应该不间断地学习，就是为了多懂得一些道理，使自己明白通达。如果一定要说有天才的话，那么他就是出类拔萃的人。当将领的天生就具备孙武、吴起那样的本领；当宰相的天生就具备管仲、子产那样的素质，即使他们没有读过书，我也说他们是有学问的人。现在你们没有他们那样的本领和素质，如果再不向古人学习，那就好像是蒙在被子里睡觉一样，什么都不会知道了。

【原文】

人见邻里亲戚有佳快者，使子弟慕而学之，不知使学古人，何其蔽也哉？世人但知跨马被甲，长稍强弓，便云我能为将；不知明乎天道，辨乎地利，比量逆顺，鉴达兴亡之妙也。但知承上接下，积财聚谷，便云我能为相；不知敬鬼事神，移风易俗，调节阴阳，荐举贤圣之至也。

【译文】

人们一看到邻里乡亲中有地位显赫的优秀之人，就让子弟向他们学习，而不知道让子弟向古人学习，这是一种很不明智的行为。世上的人只知道当将军的能跨骏马，披铠甲杀敌，能举长枪、拉长弓，于是便认为自己只要具备这些能力就可以做将军了。殊不知，做将军还得懂得天文地理，还得会估量形势，还要能洞察国家兴亡等。只知道做宰相能承接皇上的旨意，下达任务，指挥官员积财聚谷，于是便认为自己只要具备这些能力就可以做宰相了。殊不知，做宰相还要知道敬奉鬼神，要懂得移风易俗，要有能力调节阴阳五行，还要会保荐推举贤能之人等种种周密的工作。

【原文】

但知私财不入，公事夙办，便云我能治民；不知诚己刑物，执辔如组，反风灭火，化鸱为凤之术也。但知抱令守律，早刑晚舍，便云我能平狱；不知同辕观罪，分剑追财，假言而奸露，不问而情得之察也。爰及农商工贾，厮役奴隶，钓鱼屠肉，饭牛牧羊，皆有先达，可为师表，博学求之，无不利于事也。

【译文】

　　只知道当地方官的不能收敛私财，公事及早办理，以为自己能做到这些就可以治民了；殊不知，还要端正自己，还要让自己成为别人的楷模，还要了解治理百姓就好像驾马车一样，还要具备止风灭火、化恶为善的能力，等等。只知道管司法的要谨守法律，早刑晚赦，以为自己具备这些就可以平冤狱讼了；殊不知，管司法还要同辕观罪，还要分剑追财，还要会种种策略以假言诱使奸诈者暴露，无须反复查审就能洞察案情等种种能力。依此类推，农贾工商、奴仆、厮役、渔夫、屠户、喂牛的、放羊的等，都不乏杰出之士，凡是优秀的就都可以作为学习的榜样。广博地向他们学习，对你们的事业是有很大帮助的。

夫所以读书学问，本欲开心明目，利于行耳。未知养亲者，欲其观古人之先意承颜，怡声下气，不惮劬劳，以致甘腝，惕然惭惧，起而行之也；未知事君者，欲其观古人之守职无侵，见危授命，不忘诚谏，以利社稷，恻然自念，思欲效之也；素骄奢者，欲其观古人之恭俭节用，卑以自牧，礼为教本，敬者身基，瞿然自失，敛容抑志也；素鄙吝者，欲其观古人之贵义轻财，少私寡欲，忌盈恶满，赒穷恤匮，赧然悔耻，积而能散也；素暴悍者，欲其观古人之小心黜己，齿弊舌存，含垢藏疾，尊贤容众，茶然沮丧，若不胜衣也；素怯懦者，欲其观古人之达生委命，强毅正直，立言必信，求福不回，勃然奋厉，不可恐慑也：历兹以往，百行皆然。

【译文】

读书和做学问，都是为了明达事理、博闻强识，这样有利于自己的行为举止。那些不想奉养父母的人，就要让他们学会古人那样的先意承颜、轻声细气、不辞劳苦地侍奉，让父母吃美味佳肴，如此一来，这些人就会感到愧疚，便会每日自觉地那样做；那些不懂侍奉君主的人，就要让他们看到古人如何尽忠职守，怎样见危舍身，不顾一切尽忠进谏，以有利于国家和社稷，要让他们反思并仿效；那些向来奢侈骄横的人，要让他们看到古人的节俭谦卑、洁身自好、以礼为教、以敬为基，使他们觉察出自己的行为有失，从而使他们收敛并抑制自己的骄奢心态；那些一向自私小气的人，要让他们看到古人重义轻财、不贪图私利、自谦、扶贫济困，从而使他们悔改，逐渐学会广积钱财以周济他人；那些向来暴躁骄傲的人，要让他们看到古人小心翼翼、说话有分寸、宽厚大度，尊重、爱戴下士并广纳贤才，让他们受到刺激，削弱他们的嚣张气焰，使他学会谦恭礼让；那些胆小懦弱的人，要让他们看到古人听天由命、刚毅正直、言行有信，祈求福分而又不悖祖训，从而激励他们奋发图强。以此类推，其他一切也都是这个道理。

【原文】

纵不能淳，去泰去甚。学之所知，施无不达。世人读书者，但能言之，不能行之，忠孝无闻，仁义不足；加以断一条讼，不必得其理；宰千户县，不必理其民；问其造屋，不必知楣横而梲竖也；问其为田，不必知稷早而黍迟也；吟啸谈谑，讽咏辞赋，事既悠闲，材增迂诞，军国经纶，略无施用。故为武人俗吏所共嗤诋，良由是乎！

【译文】

这样即使不能使风气完全变好，也能使那些极端不良的行为减少。学到的学问，随时随地都可以派上用场。然而如今的一些读书人，总是说空话，而不身体力行，不忠不孝又不仁义；更何况审断一个诉讼，不一定就清楚其中的原理；作为一个县官，不一定能亲自过问百姓；造一栋屋子，不一定明白横的是楣而竖的是梲；至于种田，他们也不一定清楚先种稷而后种黍。他们懂得的只是吟咏作乐、写诗作赋等悠闲自在的事情，只会增添荒诞的事情，而不具备经国济世的本领。所以，这些人遭到一些军士武吏的诋毁、讥讽和嗤笑，也是在所难免的。

【原文】

夫学者所以求益耳。见人读数十卷书，便自高大，凌忽长者，轻慢同列：人疾之如仇敌，恶之如鸱枭。如此以学自损，不如无学也。

【译文】

学习是为了有所收获，增长见识。但也看到有些人刚刚读了十几卷书，就骄傲自满，夜郎自大，轻怠长者，更看不起同辈。人们对这样的人也很憎恨厌恶，就像憎恨仇敌和厌恶不祥之鸟一样。像这样因为有了一点学问反而给自己带来损害，那还不如没有学问呢。

【原文】

古之学者为己，以补不足也；今之学者为人，但能说之也。古之学者为人，行道以利世也；今之学者为己，修身以求进也。夫学者犹种树也，春玩其华，秋登其实；讲论文章，春华也；修身利行，秋实也。

【译文】

古代的学者学习是为了自己，目的是弥补自己的不足；如今的人学习是为了别人，只求能说会道以哗众取宠。古人为别人学习，其目的是实践真理从而造福社会；今人为自己学习，其目的是抬高自己的身价以谋取官禄。学习就像是种树，春天繁花似锦，秋天硕果累累；讨论文章，就好比观赏春花；修身养性有利于自己的言行，就好比收获秋实。

【原文】

人生小幼，精神专利，长成已后，思虑散逸，固须早教，勿失机也。吾七岁时，诵《灵光殿赋》，至于今日，十年一理，犹不遗忘；二十之外，所诵经书，一月废置，便至荒芜矣。然人有坎壈，失于盛年，犹当晚学，不可自弃。孔子云："五十以学《易》，可以无大过矣。"魏武、袁遗，老而弥笃，此皆少学而至老不倦也。

【译文】

人在幼小的时期，思想比较单一，精神容易集中，长大以后的，思虑分散，学东西就不专注了。这就该早早教育，不要失掉机会。我七岁的时候，诵读《灵光殿赋》，直到今天，每十年还要温习一次，并不曾忘记。二十岁以后，我所诵读的经书，只要搁置一个月，就会感到生疏。但如果年轻的时候因为某种原因不得志，耽误了学业，那么年纪大了还是可以而且也是应该学的，不可以自暴自弃。孔子说："五十岁时学习《易经》就可以没有大的过失了。"曹操、袁遗也说过，人到老年就更该专心致志地学习，这些都说的是从小好学而到老了仍孜孜不倦。

【原文】

曾子七十乃学，名闻天下；荀卿五十，始来游学，犹为硕儒；公孙弘四十余，方读《春秋》，以此遂登丞相；朱云亦四十，始学《易》、《论语》；皇甫谧二十，始受《孝经》、《论语》：皆终成大儒，此并早迷而晚寤也。世人婚冠未学，便称迟暮，因循面墙，亦为愚耳。幼而学者，如日出之光，老而学者，如秉烛夜行，犹贤乎瞑目而无见者也。

【译文】

曾参七十岁才开始学习，后来却名闻天下；荀卿五十岁才开始外出游学，最终成为儒家大师；公孙弘四十多岁才读《春秋》，从此就做上了丞相；朱云也是四十岁才学《易经》和《论语》；皇甫谧二十岁才学《孝经》和《论语》，但他们后来都成了大师级的学问家，他们都是早年时不用功到晚年才醒悟，并立志成才的人。世人总认为如果到了结婚、加冠的年龄还没有开始学习的话，就太晚了，于是就干脆一直拖延而致失学，这实在是太愚蠢了。幼年好学，就像太阳刚升起时光芒万丈；老年好学，就好像手持蜡烛行走在夜里，这总比闭上眼睛什么也看不见的人要好很多。

【原文】

学之兴废，随世轻重。汉时贤俊，皆以一经弘圣人之道，上明天时，下该人事，用此致卿相者多矣。末俗已来不复尔，空守章句，但诵师言，施之世务，殆无一可。故士大夫子弟，皆以博涉为贵，不肯专儒。梁朝皇孙以下，总丱之年，必先入学，观其志尚，出身已后，便从文史，略无卒业者。

【译文】

学习风气是否浓厚，取决于社会是否重视知识。汉代的贤能之士，都能凭一种经术来弘扬圣人之道，上通天文，下知人事，以此获得卿相官职的人很多。末世清谈之风盛行，读书人拘泥于章句，只会背读老师的话，而这些对谋生处事来讲，没有什么用途。所以后来士大夫的子弟，都讲究广泛涉足各种典籍，不肯专守章句。梁朝贵族子弟，在童年时，就先让他们入国学，观察他们的志向与崇尚，等走上仕途后，就做文吏的事情，很少有人将学业坚持到最后。

【原文】

冠冕为此者，则有何胤、刘瓛、明山宾、周舍、朱异、周弘正、贺琛、贺革、萧子政、刘绍等，兼通文史，不徒讲说也。洛阳亦闻崔浩、张伟、刘芳，邺下又见邢子才：此四儒者，虽好经术，亦以才博擅名。如此诸贤，故为上品，以外率多田野闲人，音辞鄙陋，风操蚩拙，相与专固，无所堪能，问一言辄酬数百，责其指归，或无要会。

【译文】

世代当官而又从事经学的，有何胤、刘瓛、明山宾、周舍、朱异、周弘正、贺琛、贺革、萧子政、刘绍等人，他们都兼通文史，不只是会讲解经术。我也听说在洛阳的有崔浩、张伟、刘芳，在邺下又见到邢子才，这四位儒者，不仅喜好经学，也以文才博学闻名。像这样的贤士，自然可视之为上品。此外，大多数村夫，言语鄙陋，举止粗俗，没有节操，与人相处，固执武断，什么能耐都没有，问一句则回答几百句，问他其中的主旨和意向是什么，他又不得要领。

邺下谚曰："博士买驴，书券三纸，未有驴字。"使汝以此为师，令人气塞。孔子曰："学也禄在其中矣。"今勤无益之事，恐非业也。夫圣人之书，所以设教，但明练经文，粗通注义，常使言行有得，亦足为人；何必"仲尼居"即须两纸疏义，燕寝讲堂，亦复何在？以此得胜，宁有益乎？光阴可惜，譬诸逝水。当博览机要，以济功业；必能兼美，吾无间焉。

【译文】

邺下有俗谚说："博士买驴，写了三张契约，没有一个'驴'字。"如果让你们拜这种人为师，肯定会被他气死的。孔子说："好好学习，俸禄就在其中。"现在有人只在无益的事上耗费力气，恐怕不算正业吧！圣人的典籍，是用来教化人的，只要熟悉经文，粗通注文的意思，那就经常能使自己的言行举止得当，也足以立身做人了。何必对经书中"仲尼居"三个字，非要用上两张纸的注释，去弄清楚究竟"居"是在闲居的内室还是在讲习经术的厅堂，这样就算讲对了，又有什么意义呢？争个谁高谁低，又有什么益处呢？光阴似箭，应该珍惜，它像流水一样，一去不复还。应当博览经典著作之精要，用来成就功名事业，假如你们能做到博览和专注并重，那样我自然也就没必要再说什么了。

【原文】

俗间儒士，不涉群书，经纬之外，义疏而已。吾初入邺，与博陵崔文彦交游，尝说《王粲集》中难郑玄《尚书》事。崔转为诸儒道之，始将发口，悬见排蹙，云：
"文集只有诗赋铭诔，岂当论经书事乎？且先儒之中，未
闻有王粲也。"崔笑而退，竟不以粲集示之。

【译文】

　　世俗的儒生，不博览群书，除了研读经书、纬书以外，只看
注解儒家经术的著作而已。我初到邺下的时候，和博陵的崔文彦
有交往，曾对他讲起《王粲集》里有驳难郑玄所注《尚书》的地
方。崔文彦转向儒生们讲述这个问题，刚一开口，便被他们凭空
训斥，说什么"文集里只有诗、赋、铭、
诔，难道还会有论及经书的问题吗？何况
在先儒之中，也没听说有个王粲"。
崔文彦含笑而退，终于没把《王
粲集》给他们看。

【原文】

　　魏收之在议曹，与
诸博士议宗庙事，引据
《汉书》，博士笑曰：
"未闻《汉书》得证
经术。"收便忿怒，
都不复言，取《韦
玄成传》，掷之而起。
博士一夜共披寻之，
达明，乃来谢曰：

"不谓玄成如此学也。"

【译文】

　　魏收在议曹的时候，和几位博士议论宗庙的事，他引《汉书》做论据，博士们笑道："没有听说《汉书》可以用来论证儒家经术的。"魏收很生气，不再说什么，拿出《汉书·韦玄成传》丢在他们面前就转身走了。博士们用了一个通宵把这本书翻阅完，到了天亮，就到魏收处致歉道："没想到韦玄成还有这样的学问啊！"

【原文】

　　夫老、庄之书，盖全真养性，不肯以物累己也。故藏名柱史，终蹈流沙，匿迹漆园，华辞楚相，此任纵之徒耳。何晏、王弼，祖述玄宗，递相夸尚，景附草靡，皆以农、黄之化，在乎己身，周、孔之业，弃之度外。而平叔以党曹爽见诛，触死权之网也；辅嗣以多笑人被疾，陷好胜之阱也；山巨源以蓄积取讥，背多藏厚亡之文也；夏侯玄以才望被戮，无支离拥肿之鉴也；荀奉倩丧妻，神伤而卒，非鼓缶之情也；王夷甫悼子，悲不自胜，异东门之达也；嵇叔夜排俗取祸，岂和光同尘之流也；郭子玄以倾动专势，宁后身外己之风也；阮嗣宗沉酒荒迷，乖畏途相诫之譬也；谢幼舆赃贿黜削，违弃其余鱼之旨也：彼诸人者，并其领袖，玄宗所归。其余桎梏尘滓之中，颠仆名利之下者，岂可备言乎！

老子和庄子的著作，强调保全本性，不肯使身外之物拖累自身。所以，老子隐姓埋名在周朝担任柱下史，最后埋迹于沙漠；庄子隐身为漆园小吏，最后也拒绝出任楚相。这是因为他们都是不想受约束、喜欢自由自在的人罢了。之后，何晏、王弼效仿前人，解说道家的精义，宣扬老、庄之学，当时的人如影随形，如草随风，都以神农、黄帝的教化来装饰自己，而把周公、孔子置之度外。然而何晏因为党附曹爽而被杀，这是死在了贪欲上；王弼因为讥笑别人而招来嫉恨，落入好胜争强的陷阱；山涛为了蓄积财物而遭到讥讽，违背了聚敛越多丧失越多的古训；夏侯玄因为自己的才学名望而被杀害，因为他没有从支离和臃肿的大树得以自保的故事中吸取教训；荀粲的妻子死后，他也悲哀而死，这是缺乏庄子鼓盆而歌的通达情怀；王衍痛失幼子而悲痛不止，这是因为没有东门吴的潇洒豁达；嵇康因为排斥流俗而招来杀身之祸，哪是与世无争之人呢？郭象因声名显赫而最终走上了权势之路，也没有达到心甘情愿居于别人之后的境界；阮籍贪杯、荒诞迷乱，背离了险途应小心谨慎的古训；谢鲲因贪赃受贿而被罢免，违背了不该贪得无厌，而应节欲知足的宗旨。上述之人，都是玄学中人心所向的领袖人物。至于那些在尘世中被名利枷锁束缚手脚和套住身体的人，就更不必说了。

直取其清谈雅论，剖玄析微，宾主往复，娱心悦耳，非济世成俗之要也。洎于梁世，兹风复阐，《庄》、《老》、《周易》，总谓"三玄"。武皇、简文，躬自讲论。周弘正奉赞大猷，化行都邑，学徒选千余，实为盛美。元帝在江、荆间，复所爱习，召置学生，亲为教授，废寝忘食，以夜继朝，至乃倦剧愁愤，辄以讲自释。吾时颇预末筵，亲承音旨，性既顽鲁，亦所不好云。

【译文】

他们只不过选取了老、庄书中的清谈雅论，剖析其中玄奥精妙，宾主相互问答，只求娱心悦耳，而不是一定有利于社会和风俗的事。梁朝的时候，风气又兴盛起来，《庄子》《老子》和《周易》被称为"三玄"。梁武帝和简文帝都亲自讲解评论。周弘正奉旨讲述玄学的大道理，此风气顿时影响了整个京城，门徒达到数千人，盛况前所未有。梁元帝在江陵荆州时，也很热衷于讲习"三玄"，他召集学生，并亲自为他们讲解，都达到了废寝忘食、夜以继日的地步，更甚者，在他非常疲惫的时候，他也是用玄学来自我解愁解乏。那时，我有时也会陪在席末，聆听元帝的教诲，只是因为我有些愚笨，又不喜欢说教，所以收益并不是很明显。

【原文】

齐孝昭帝侍娄太后疾，容色憔悴，服膳减损。徐之才为灸两穴，帝握拳代痛，爪入掌心，血流满手。后既痊愈，帝寻疾崩，遗诏恨不见太后山陵之事。其天性至孝如彼，不识忌讳如此，良由无学所为。若见古人之讥欲母早死而悲哭之，则不发此言也。孝为百行之首，犹须学以修饰之，况余事乎！

北齐孝昭帝在母亲娄太后病重的时候，一直在母亲身边侍奉，因操劳过度而面容憔悴，茶饭不振。当徐之才为太后针灸两穴位时，孝昭帝则在一边因为将拳头握得太紧而导致指甲嵌入掌心，也流了满手血。后来娄太后的病痊愈了，而孝昭帝却在不久后因病而逝，他在遗诏中说道，自己最遗憾的是不能为娄太后送终安葬，以尽最后的孝心。他天性就是这样孝顺，但却不懂忌讳到这样的地步，其根本原因是没有学习。倘若他能从书中读到古人那些讽刺为使自己能够痛哭尽孝而盼望母亲早死的人的记载，他就不会在遗诏中那样说了。所有德行中最重要的事情就是行孝，这种事情尚且需要通过学习去培养完善，更何况其他的事情呢？

【原文】

梁元帝尝为吾说："昔在会稽，年始十二，便已好学。时又患疥，手不得拳，膝不得屈。闲斋张葛帏避蝇独坐，银瓯贮山阴甜酒，时复进之，以自宽痛。率意自读史书，一日二十卷，既未师受，或不识一字，或不解一语，要自重之，不知厌倦。"帝子之尊，童稚之逸，尚能如此，况其庶士冀以自达者哉？

【译文】

梁元帝曾经对我说："以前我在会稽的时候，只有十二岁，但那时却已经很喜欢学习了。当时我患有疥疮，手膝都不能活动自如。我在闲斋中挂上帷帐来遮挡苍蝇，一个人独坐，小银盆里装着山西甜酒，疼痛时就喝上几口以求暂时缓解。我自己随意地读一些史书，一天读了二十卷，当时也没有老师传授，即使有一个不懂的字，或者有一句不理解的话，都不会放过，严格要求自己，不知厌倦地研读。"梁元帝以帝王之尊、孩童的闲逸，还能做到对学习这样用功，何况那些希望通过学习来追求功名利禄的普通读书人呢？

【原文】

古人勤学，有握锥投斧，照雪聚萤，锄则带经，牧则编简，亦为勤笃。梁世彭城刘绮，交州刺史勃之孙，早孤家贫，灯烛难办，常买荻，尺寸折之，然明夜读。孝元初出会稽，精选寮寀，绮以才华，为国常侍兼记室，殊蒙礼遇，终于金紫光禄。义阳朱詹，世居江陵，后出扬都，好学，家贫无资，累日不爨，乃时吞纸以实腹。

【译文】

古人非常勤奋好学，苏秦握锥刺股，文党投斧求学，孙康映雪夜读，车胤囊萤照书，儿宽带经而锄，温舒牧牛编简，用以写字，他们都十分勤奋好学。梁朝的彭城刘绮，是交州刺史刘勃的孙子，幼年丧父，家境贫困，无钱置办灯烛，就将荻草折断成尺把长，夜里点燃来照明读书。梁元帝刚开始到会稽做官的时候，精心选拔了一批同僚，刘绮很有才华，也被选为湘东王府的常侍兼记室参军，受到梁元帝的器重，官至金紫光禄大夫。义阳的朱詹，祖居江陵，后来到了扬都。他刻苦好学，但因家境贫寒，常常没有饭吃，因而时常靠吞纸来充饥。

【原文】

寒无毡被，抱犬而卧。犬亦饥虚，起行盗食，呼之不至，哀声动邻，犹不废业，卒成学士，官至镇南录事参军，为孝元所礼。此乃不可为之事，亦是勤学之一人。东莞臧逢世，年二十余，欲读班固《汉书》，苦假借不久，乃就姊夫刘缓乞丐客刺书翰纸末，手写一本，军府服其志向，卒以《汉书》闻。

【译文】

寒冷的冬天因为没有被子，就抱着狗来取暖。狗也饿得无法忍受了，就跑到外面偷食，朱詹怎么喊都喊不回来，叫声之悲哀令周围的邻居都感到震惊，尽管这样，他也依然坚持苦读，最终成为大学士，官至镇南录事参军，并受到孝元帝的礼待。这是一般人无法做到的，朱詹也是勤奋好学的人。东莞的臧逢世，当他二十多岁的时候就非常想读班固的《汉书》，但总是借不到，无奈之下，他就向姐夫刘缓乞求名片、信纸的边角，亲手抄录了一本。将军府中的人没有不佩服他的志气和毅力的，最后，臧逢世终于因研究《汉书》而闻名于世。

【原文】

齐有宦者内参田鹏鸾，本蛮人也。年十四五，初为阉寺，便知好学，怀袖握书，晓夕讽诵。所居卑末，使役苦辛，时伺间隙，周章询请。每至文林馆，气喘汗流，问书之外，不暇他语。及睹古人节义之事，未尝不感激沉吟久之。吾甚怜爱，倍加开奖。后被赏遇，赐名敬宣，位至侍中开府。

【译文】

  北齐有个叫田鹏鸾的太监，原本是个粗人。十四五岁时，入宫做了宦官，那时，他就很爱读书，总是随身带着书本，随时诵读。尽管他当时地位十分卑下，差役也非常辛苦，但他还是会抓住一些空闲时间，四处奔走，向人请教。每次到文林馆的时候，他都是上气不接下气，满头大汗，除了请教书上的知识外，都无空暇去说别的。他只要在书中读到古人重节操情义的事，都会非常感动，且感慨良多。我对他十分怜爱，并加倍教导勉励他。后来他被皇上赏识，赐名敬宣，官至侍中开府。

【原文】

  后主之奔青州，遣其西出，参伺动静，为周军所获。问齐主何在，绐云："已去，计当出境。"疑其不信，殴捶服之，每折一支，辞色愈厉，竟断四体而卒。蛮夷童丱，犹能以学成忠，齐之将相，比敬宣之奴不若也。

【译文】

  北齐后主逃往青州的时候，派敬宣的家奴去西边侦察动静，结果被北周的军队掳获。周军问他齐后主的下落，他欺骗周军说："已经离开了，估计出了边境。"周军不相信他的话，于是就殴打他，试图让他屈服。然而他的声色言语却总是随着刑罚的加重而愈加严厉，最后因四肢断裂而死。一个少数民族的孩子，都可以通过学习成为忠臣，北齐的许多将领恐怕都比不上敬宣的家奴吧。

邺平之后，见徙入关。思鲁尝谓吾曰："朝无禄位，家无积财，当肆筋力，以申供养。每被课笃，勤劳经史，未知为子，可得安乎？"吾命之曰："子当以养为心，父当以学为教。使汝弃学徇财，丰吾衣食，食之安得甘？衣之安得暖？若务先王之道，绍家世之业，藜羹缊褐，我自欲之。"

【译文】

邺城被攻陷以后，我们被逼迁徙入关。大儿思鲁曾对我说："我们在朝廷没有了禄位，家里也没有积财，那就应该多出力气干活，来供养家用。现在您督促我们学习，在经史上下苦功夫，但您知道做儿子的能安心吗？"我教训他说："做儿子的当然应当把奉养父母的责任放在心上，做父亲的更应当用自己所学的知识来教育孩子。如果叫你放弃学业而一意求财，即使是衣食丰足，我能吃出甘美来吗？衣服穿在身上我能感到温暖吗？如果从事于先正之道，继承了家业，就算让我吃粗茶淡饭、穿粗布麻衣，我也心甘情愿。"

【原文】

《书》曰："好问则裕。"《礼》云："独学而无友，则孤陋而寡闻。"盖须切磋相起明也。见有闭门读书，师心自是，稠人广坐，谬误差失者多矣。《穀梁传》称公子友与莒挐相搏，左右呼曰"孟劳"。"孟劳"者，鲁之宝刀名，亦见《广雅》。近在齐时，有姜仲岳谓："'孟劳'

者，公子左右，姓
孟名劳，多力之人，
为国所宝。"与吾
苦净。

【译文】

　　《尚书》说："好问
则裕。"《礼记》上说：
"独学而无友，则孤陋
而寡闻。"由此看来，学
习就应该彼此相互切磋，互相启发引导，才能
将知识学得更透彻。我常看见有些人闭门读书，
自命清高，却总在大庭广众下错误百出，谬语连篇。《穀梁
传》中讲到公子友与莒挐搏斗，公子友的手下在一旁大声叫"孟
劳"。所谓"孟劳"，是鲁国一宝刀的名称，《广雅》中也是这样讲
的。前几天我在齐国的时候，遇到一个人叫姜仲岳，他却认为：
"孟劳是公子友身边的人，姓孟名劳，并且力大无比，鲁国人都非
常尊崇他。"为此，他和我苦苦争辩。

【原文】

　　时清河郡守邢峙，当世硕儒，助吾证之，赧然而伏。
又《三辅决录》云："灵帝殿柱题曰：'堂堂乎张，京兆田
郎。'"盖引《论语》，偶以四言，目京兆人田凤也。有一
才士，乃言："时张京兆及田郎二人皆堂堂耳。"闻吾此

说，初大惊骇，其后寻愧悔焉。江南有一权贵，读误本《蜀都赋》注，解"蹲鸱，芋也"乃为"羊"字；人馈羊肉，答书云："损惠蹲鸱。"举朝惊骇，不解事义，久后寻迹，方知如此。

【译文】

当时，幸亏有当今的大学者、清河郡守邢峙在场，他来帮我证实了"孟劳"的准确含义，姜仲岳这才面红耳赤地低头认输。再比方说《三辅决录》上写："灵帝宫殿的门柱上题有：'堂堂乎张，京兆田郎。'"这是引用《论语》中的话，而以四言两句一韵的方式，来品评京兆人田凤。但是有一学士却将这句话解释为："当时的张京兆和田郎二人都是相貌堂堂的人。"听了我的解释后，他刚开始时非常惊讶，等明白过来后，就为此感到羞愧。江南有一位权贵，读了有很多错误的《蜀都赋》的注本，书中将"蹲鸱，芋也"的"芋"字错译成"羊"字。所以别人馈赠他羊肉时，他就回信答谢道："感谢您赠我蹲鸱。"大家都很惊骇，搞不清他这到底是在用何典故，很长一段时间以后，才明白了事情的原委。

【原文】

元氏之世，在洛京时，有一才学重臣，新得《史记音》，而颇纰缪，误反"颛顼"字，顼当为许录反，错作许缘反，遂谓朝士言："从来谬音'专旭'，当音'专翾'耳。"此人先有高名，翕然信行；期年之后，更有硕儒，苦相究讨，方知误焉。《汉书·王莽赞》云："紫色蛙声，余分闰位。"谓以伪乱真耳。昔吾尝共人谈书，言及王莽形状，有一俊士，自许史学，名价甚高，乃云："王莽非直鸱目虎吻，亦紫色蛙声。"

【译文】

元魏时，京都洛阳有一位博学多才而又身份显贵的大臣，新得到一本《史记音》，书中错漏百出，将"颛顼"的"顼"字注错了读音，"顼"字本作"许录反"，书中错为"许缘反"。于是他对朝中百官说："人们历来将'颛顼'误读成'专旭'，其实应当读作'专翾'。"因为其名望很高，所以没有人对他的说法表示质疑。过了一年之后，另一大学者经苦心研究，才知道那位大臣读错了。《汉书·王莽赞》说："紫色蛙声，余分闰位。"这句话意思是说王莽以假乱真。以前我在和人一起谈论书籍时，讨论到王莽的相貌，有一位自诩精通史学、名声和身价都很高的俊秀之士竟然说："王莽不但长得虎嘴鹰目，而且胸色青紫，声音如蛙鸣。"

【原文】

又《礼乐志》云："给太官挏马酒。"李奇注："以马乳为酒也，挏挏乃成。"二字并从手。挏挏，此谓撞捣挺挏之，今为酩酒亦然。向学士又以为种桐时，太官酿马酒乃熟。其孤陋遂至于此。太山羊肃，亦称学问，读潘岳赋"周文弱枝之枣"，为杖策之杖；《世本》"容成造历"。以历为碓磨之磨。

【译文】

再如《汉书·礼乐志》说："给太官挏马酒。"李奇在注解中说："以马乳为酒，挏桐乃成。""挏挏"二字都是以"手"为偏旁。

所谓揰挏，这里指上下捣击、搅拌，现在做酪酒也是这样。然而刚才那位学士又认为李奇的注解的意思是说，要等种桐树的时候，太官酿造的马酒才熟。他孤陋寡闻竟然到了这个地步。太山郡的羊肃，也称得上有学问之人，但他却在读潘岳的赋时，将"周文弱枝之枣"中"弱枝"的"枝"误作"杖策"的"杖"；《世本》中有"容成造历（繁体为暦）"这句话，他却把"历（繁体为暦）"字，当作碓磨的"磨"字。

【原文】

谈说制文，援引古昔，必须眼学，勿信耳受。江南闾里间，士大夫或不学问，羞为鄙朴，道听途说，强事饰辞：呼征质为周、郑，谓霍乱为博陆，上荆州必称陕西，下扬都言去海郡，言食则糊口，道钱则孔方，问移则楚丘，论婚则宴尔，及王则无不仲宣，语刘则无不公干。凡有一二百件，传相祖述，寻问莫知原由，施安时复失所。

【译文】

无论是说话还是写文章，凡是援引古代的例证，必须是自己亲眼看见，而不能道听途说。江南地区有很多士大夫没有真才实学，又怕别人嘲笑自己鄙浅粗俗，于是往往道听途说，强事饰辞。比如，称"征质"为"周郑"，称"霍乱"为"博陆"，说"上荆州"为"去陕西"，说"下扬都"为"去海郡"，说"吃饭"为"糊口"，提起金钱就说孔方，问起迁徙就说楚丘，谈婚论嫁就说宴尔，提到姓王的就说仲宣，谈起刘姓的就提公干。诸如此类的说法绝不少于一两百种，士大夫们相互传袭，相互影响，如果问他们这些说法的原因，谁也答不上来，并且当他们写文章时，还不会运用。

【原文】

庄生有乘时鹊起之说，故谢朓诗曰："鹊起登吴台。"吾有一表亲，作《七夕》诗云："今夜吴台鹊，亦共往填河。"《罗浮山记》云："望平地树如荠。"故戴暠诗云："长安树如荠。"又邺下有一人《咏树》诗云："遥望长安荠。"又尝见谓矜诞为夸毗，呼高年为富有春秋，皆耳学之过也。

【译文】

庄子有"乘时鹊起"的说法，因而谢朓作诗道："鹊起登吴台。"我有一位表亲，作了一首《七夕》诗，其中道："今夜吴台鹊，亦共往填河。"《罗浮山记》上说："望平地树如荠。"于是戴暠的诗中说："长安树如荠。"邺城也有个人在《咏树》中说："遥望长安荠。"我还见过有人把矜诞说成夸毗，把高年称为富有春秋，诸如此类都是只相信自己的耳朵，只凭听闻而造成的过失。

【原文】

夫文字者，坟籍根本。世之学徒，多不晓字：读《五经》者，是徐邈而非许慎；习赋诵者，信褚诠而忽吕忱；明《史记》者，专徐、邹而废篆籀；学《汉书》者，悦应、苏而略《苍》、《雅》。不知书音是其枝叶，小学乃其宗系。至见服虔、张揖音义则贵之，得《通俗》、《广雅》而不屑。一手之中，向背如此，况异代各人乎？

　　文字是书籍的根本，世上从事学业的人，精通文字的并不多。读《五经》的人，赞扬徐邈，而贬低许慎；学习赋辞的人，信服褚诠却忽略吕忱；通读《史记》的人，重视徐广、邹诞生对音义的研究，却废弃了对小篆籀文的研究；学习《汉书》的人，欣赏应邵、苏林的注释，却轻视《仓颉篇》《尔雅》。他们不明白语音只是字的枝叶，字义才是文字的根本。甚至有人十分看重服虔、张揖有关音义的书，却对同样由他们所写的《通俗》《广雅》不屑一顾。对同一个人的著作还这样态度悬殊、厚此薄彼，更何况是对不同时代不同人的著作呢？

【原文】

　　夫学者贵能博闻也。郡国山川，官位姓族，衣服饮食，器皿制度，皆欲根寻，得其原本；至于文字，忽不经怀，己身姓名，或多乖舛，纵得不误，亦未知所由。近世有人为子制名：兄弟皆山傍立字，而有名峙者；兄弟皆手

傍立字，而有名机者；兄弟皆水傍立字，而有名凝者。名儒硕学，此例甚多。若有知吾钟之不调，一何可笑。

【译文】

凡是求学的人都追求博闻广识。他们对郡国、山川、官位、姓族、衣服饮食、器皿制度等，都想寻根问底，弄清事物的缘由；但是对于文字，他们却很是漫不经心，甚至连自己的名字姓氏，都会出现谬误，或者即使不出错误，也不清楚它的由来。如今有人为儿子起名：兄弟几个用"山"字命名的，却有叫"峙"的；兄弟几个都是以"手"旁命名的，却有名"机"的；兄弟几个都以"水"旁命名的，却有名"凝"的。在一些有很高声望的大学者中，也不乏这种例子。如果他们能意识到，这就像乐工听不出钟不协调的声音一样，他们就会明白这是一件多么可笑的事情了。

【原文】

吾尝从齐主幸并州，自井陉关入上艾县，东数十里，有猎闾村。后百官受马粮在晋阳东百余里亢仇城侧。并不识二所本是何地，博求古今，皆未能晓。及检《字林》、《韵集》，乃知猎闾是旧𪉊余聚，亢仇旧是馻欱亭，悉属上艾。时太原王劭欲撰乡邑记注，因此二名闻之，大喜。

【译文】

我曾经追随齐主到并州去，从井陉关进入上艾县，县东几十里外，有一个猎闾村。后来，文武百官又曾在距晋阳东百余里的亢仇城旁接受马匹粮草。谁都不知道这两个地方，对大量的古今书籍查阅一番后，还是没有弄明白。直到我翻阅了《字林》《韵集》后，才知道原来猎闾村就是以前的镊余聚，亢仇城就是以前的馒犹亭，两地都归上艾县管辖。正好那时候太原的王劭准备撰写乡邑记注，听我说了这两个地方的名称后，他非常高兴。

【原文】

吾初读《庄子》"蜮二首"，《韩非子》曰："虫有蜮者，一身两口，争食相龁，遂相杀也。"茫然不识此字何音，逢人辄问，了无解者。案：《尔雅》诸书，蚕蛹名蜮，又非二首两口贪害之物。后见《古今字诂》，此亦古之虺字，积年凝滞，豁然雾解。

【译文】

我刚开始读《庄子》这本书时，看到"蜮二首"这句话，《韩非子》中说："虫中有叫蜮的，一个身子两张嘴，为了争抢食物而互相撕咬，以致演变成互相残杀。"我逢人就问其中的"蜮"字的意思，却没有得到满意的解释。后来经查考，《尔雅》等字书上说，蚕蛹名蜮，但蚕蛹并不是那种有两个嘴贪残相害的动物。最后见了《古今字诂》，才知道这个"蜮"字也就是古代的"虺"字，多年来积滞在胸中的疑问，一下子就解开了。

【原文】

尝游赵州，见柏人城北有一小水，土人亦不知名。后读城西门徐整碑云："洦流东指。"众皆不识。吾案《说文》，此字古魄字也，洦，浅水貌。此水汉来本无名矣，直以浅貌目之，或当即以洦为名乎？

　　我曾经游览赵州，看见柏人城北面有一条小河，当地人也不知它的名字。后来我读了西门徐整碑的碑文，上面说："洦流东指。"大家都不明白这句话的意思。我查阅《说文解字》，得知这个"洦"字就是古代的"魄"字，洦，就是浅水的样子。该河自汉代以来就没有名字，只是被人们看作一条浅浅的小河而已，或许就用这个"洦"字来给它命名更恰当一些吧！

【原文】

　　世中书翰，多称匆匆，相承如此，不知所由，或有妄言此忽忽之残缺耳。案：《说文》："匆者，州里所建之旗也，象其柄及三斿之形，所以趣民事。故恩遽者称为匆匆。"

【译文】

　　世人在书信中常有"匆匆"这个词，自古至今都是如此，但却没有人知道它的来源。有人妄下结论说"匆匆"是"忽忽"的残缺字。后经查证，《说文解字》上说："匆，是分邑立的旗，其字形像旗杆和三条下垂的飘带的形状。这种旗是用来催促农民抓紧农事的，因而将紧迫匆忙称作'匆匆'。"

【原文】

　　吾在益州，与数人同坐，初晴日晃，见地上小光，问左右："此是何物？"有一蜀竖就视，答云："是豆逼耳。"相顾愕然，不知所谓。命取将来，乃小豆也。穷访蜀士，呼粒为逼，时莫之解。吾云："《三仓》、《说文》，

此字白下为匕，皆训粒，《通俗文》音方力反。"众皆
欢悟。

【译文】

　　我在益州的时候，曾和几个人在一起聊天，天初晴，阳光明
媚，我见地上有一小点亮光，就问："这是什么东西？"一个蜀地
的童仆走上前看后答道："是豆逼。"大家面面相觑，不知所云。我
叫他取过来，看清了原来是小豆。几乎访问遍蜀地的人，问他们
为什么把"粒"称作"逼"，但最终还是无人能做出解释。我告
诉他们说："在《三仓》《说文》里，这个字就是'白'字下面加
'匕'，都解释作'粒'。《通俗文》注音作方力反。"众人都愉悦地
领悟了。

【原文】

　　愍楚友婿窦如同从河州来，得一青鸟，驯养爱玩，
举俗呼之为鹠。吾曰："鹠出上党，数曾见之，色并黄黑，
无驳杂也。故陈思王《鹠赋》云：'扬玄黄之劲羽。'"试
检《说文》："鸹雀似鹠而青，出羌中。"《韵集》音介，此
疑顿释。

【译文】

　　愍楚的连襟窦如同从河州回来，带回一只青色的鸟，驯养赏
玩甚是得意，族人管它叫"鹠"。我说："鹠在上党，我曾多次见，
它的羽毛全是黄黑色的，没有斑驳杂色。所以曹植的《鹠赋》说：
'鹠扬起那黑黄色的劲翅。'"我试着翻检《说文解字》，查到："鸹
雀与鹠相似，但毛色是青的，出于羌中。"《韵集》认为其读音同

"介"，这个疑问就解决了。

【原文】

梁世有蔡朗者讳纯，既不涉学，遂呼莼为露葵。面墙之徒，递相仿效。承圣中，遣一士大夫聘齐，齐主客郎李恕问梁使曰："江南有露葵否？"答曰："露葵是莼，水乡所出。卿今食者绿葵菜耳。"李亦学问，但不测彼之深浅，乍闻无以核究。

【译文】

梁朝有位叫蔡朗的人忌讳"纯"字，原本就不爱学习的他，就把莼菜叫作露葵。那些不学无术、人云亦云的人也盲目效仿。承圣年间，梁朝派一位士大夫出使北齐，北齐的主客郎李恕问这位梁朝的使臣说："江南有露葵吗？"使臣回答说："露葵就是莼菜，是水乡中出产的。您今天吃的是绿葵菜。"李恕也是很有学问的人，但是他不知道对方学问的深浅，所以刚一听说也无法加以查究。

【原文】

思鲁等姨夫彭城刘灵，尝与吾坐，诸子侍焉。吾问儒行、敏行曰："凡字与谘议名同音者，其数多少，能尽识乎？"答曰："未之究也，请导示之。"吾曰："凡如此例，不预研检，忽见不识，误以问人，反为无赖所欺，不容易也。"因为说之，得五十许字。诸刘叹曰："不意乃尔！"若遂不知，亦为异事。

我曾与思鲁他们的姨父、彭城的刘灵在一起闲聊，他的几个儿子也陪在旁边。我问儒行、敏行他们："你们知道与你们父亲名字同音的字一共有多少吗？是否都能认识？"他们说："我们没有探究过这个问题，请您开导指示。"我说："这一类的字，要是不提前翻检研究，万一遇上又不认识，错拿去问人，就会被一些无赖欺侮，这种事情可不能轻率对待啊。"于是我就告诉他们一共有五十字左右。他们感叹地说："想不到会有这么多。"如果他们一点都不了解，也确实可以称得上怪事。

【原文】

校定书籍，亦何容易，自扬雄、刘向，方称此职耳。观天下书未遍，不得妄下雌黄。或彼以为非，此以为是；或本同末异；或两文皆欠，不可偏信一隅也。

【译文】

校订书籍，也很不容易，只有当年的扬雄、刘向才算得上称职。如果没有读遍天下的典籍，就不可以妄下雌黄修改校订。有的时候那个本子认为错，这个本子则认为对；有的两种观点大同小异，有的两个本子的文字都有欠缺，所以不能偏听偏信，倒向一种说法。

【评析】

孔子曾教育他的弟子子路说："学习和知识的力量是巨大而无形的！你看看，一国之君需要谏臣的辅佐，才能让国家兴盛；普通人需要明事理的朋友提醒自己的过失，才能提升自身；为人处世也需要不断向他人学习，听取别人的意见，才能博采众长。真正的君子喜好学习，集思广益，因而足智多谋，做起事来就会顺利；相反，那些不善学习的人，自以为是，诋毁仁德，对有学问的人心生抵触，这无异推着自己往后退。可见，不学习就会落后呀！"

并且他还指出南山之竹无人扶持也长得很直，用这种竹子做成的箭，也一样能穿透皮革。要是能把竹箭再修理一番，装上羽毛，再把它削成尖头，那它的穿透力就更强了。圣人的话告诉我们读书是有很重要的作用的。他能让一个人更充实，更具有内涵。看一个人，不能仅仅看其外表。有的人虽金玉其外，但是腹内空空；有的人即使相貌平平，但却满腹珠玑。前者虽然悦目，但却流于俗气；后者赏心，也令人起敬。

关于古人劝学的例子不胜枚举。其中大家耳熟能详的莫过于孟母断机杼来教育儿子好好读书的故事了。有一次，孟子不好好学习，逃学回家时，孟子的母亲拿起了剪刀，将织布机上快要织好的布剪断。并且告诫他，织布必须将纱线一条一条织上去，经过持续不断的努力，积丝才能成寸，积寸才能成尺，最后才能织成一匹完整有用的布；读书也是一样，要努力用功，并且持之以恒，经过长时间的累积，才能有成就。否则就像剪断了的布匹一样，一旦中断就很难再续。

在中国古代，进学是士大夫立身之本，因此古人都勉励自己的子弟勤学苦读。明末清初有一位有名的隐士，叫作傅山。他是清初的学问大家，不仅通经史、诸子、佛道、医药等学问，对诗文、书画、金石也很精通，尤其以音韵学见长，是一个极其罕见的多才多艺的人物，对后人影响很大。

傅山才华横溢，没有什么怪癖。对孩子们来说，他是个非常耐心、严慈并济的好父亲。他对傅眉等几个儿子的要求都十分严格。傅山常常到四方周游，每次出游时，总是叫儿子们拉着他乘的车子行走。晚上到了旅舍，他就点上灯督促儿子们读经史等书籍。每天晚上诵读过后，就要求儿子们第二天早上一定要能够背出来。如果傅眉等背不出来，便会遭到父亲的杖打。在这件事上，傅山毫不姑息迁就自己的儿子们。

傅眉等人不在身边时，傅山专门给他们写了一封信，跟他们讲读书之事。在信中，他谈到自己年少时记忆力极强，选取《文选》中五十三篇文章来读，一个早上就能一字不错地全部背出来。傅山跟儿子们说这些，并不是想要夸耀自己，而是要说明下面的道理：

"即便这样能记，也不过能维持六七年罢了。过了三十岁往往就忘掉十分之五六，过了四十岁则忘掉十分之八九，随看随忘，恍如隔世。"年龄越大，记忆力就越差，只有六七年时间记忆力最强，随后日渐衰退。他勉励儿子们："你们的天资都属中上，算是可以读书的，此时正是精神健旺之时，应该专心致志读三四年书。""你们要努力自爱，不要浪费了自己的天资，要读书交友，待到笔性老成、见识坚定的时候，实现有所著述的志向也就不难了。除经书外，《史记》《汉书》《战国策》《左传》《国语》《管子》，骚、赋，都要认真细读。其余的就任你们的性情，略读过去就可以了。二十一史的读法，我以前都已经告诉你们了。金、辽、元三史列之记载，不得作为正史读也。"

傅山除告诫儿子们认真读书以外，还为他们开列了书目，要求他们按照所列的书籍认真细读，教读之心可谓良苦。

颜氏在本篇也语重心长地教导子孙，要想不做平庸的人，就必须发奋读书。他告诫子孙只有年轻的时候刻苦学习才不至于终生受辱。只有通过读书掌握了"应世任务"的真本领，才能在社会上立足，任何时候、任何情况下都不会没有出路。从这里我们可以看出颜氏主张学贵能行，学以致用，反对教育严重脱离实际，培养那种"食古不化"、崇尚空谈、于世无用的废物。对照当时一些读书人的情况，颜氏的主张绝非无的放矢。这跟我们今天提倡的素质教育极其类似，不能不感叹颜氏的观点超前，且具有现实意义。

民间谚语说"活到老，学到老"，这是有道理的。因为人的一生是短暂的，但是学海无涯，人只有用丰富的知识来不断地武装自己的头脑，才有可能避免流于庸俗。颜氏指出人一生都可以学习，也都要学习。颜氏在文中也举了很多中国古代勤奋好学的例子，以教育子孙一定要勤奋刻苦读书，且要有毅力。

孔子说："学，然后知不足。"一个人的学问越大，就越是知道自己的不足，从而也就更容易弥补不足，提高自己的素质、修养和才干。因此只有深入学习、观察和思考，才能看到别人的优点和长处，发现自己的幼稚和不足，才能明白学无止境的道理。我们要想超过别人，就必须把别人的优点和长处变成自己的。如果浅尝辄止，满足于一知半解，就永远无法超越别人。在越来越讲究效率的现代社会，当别人都在前进的时候，你如果还在原地踏步，就已经落后了。所以要想跟上时代的步伐，不被高速发展的社会淘汰，就要加倍勤奋学习，在不断地发现与弥补自身的不足中，来实现自我，超越自我。

卷四

文章第九

　　夫文章者，原出《五经》：诏、命、策、檄，生于《书》者也；序、述、论、议，生于《易》者也；歌、咏、赋、颂，生于《诗》者也；祭、祀、哀、诔，生于《礼》者也；书、奏、箴、铭，生于《春秋》者也。朝廷宪章，军旅誓诰，敷显仁义，发明功德，牧民建国，施用多途。

至于陶冶性灵，从容讽谏，入其滋味，亦乐事也。行有余力，则可习之。

文章出自《五经》：诏、命、策、檄，是从《书经》中产生的；序、述、论、议，是从《易经》中产生的；歌、咏、赋、颂是从《诗经》中产生的；祭、祀、哀、诔，是从《礼记》中产生的；书、奏、箴、铭是从《春秋》中产生的。朝廷的重要法令和军中的号令誓词，都是扬显仁义、彰明功德的，这对治理民众，建设国家起了很大的作用。至于用文章来陶冶情操，或者对别人婉言相劝，或者阅读时深入体会其中的滋味，这也是人生一大乐事。如果有能力的话，还可以多学习一点这方面的东西。

【原文】

然而自古文人，多陷轻薄；屈原露才扬己，显暴君过；宋玉体貌容冶，见遇俳优；东方曼倩，滑稽不雅；司马长卿，窃赀无操；王褒过章《僮约》；扬雄德败《美新》；李陵降辱夷虏；刘歆反覆莽世；傅毅党附权门；班固盗窃父史；赵元叔抗竦过度；冯敬通浮华摈压；马季长佞媚获诮；蔡伯喈同恶受诛；吴质诋忤乡里；曹植悖慢犯法；杜笃乞假无厌；路粹隘狭已甚；陈琳实号粗疏；繁钦性无检格；刘桢屈强输作；王粲率躁见嫌；孔融、祢衡，诞傲致殒；杨修、丁廙，扇动取毙；阮籍无礼败俗；嵇康凌物凶终；傅玄忿斗免官；孙楚矜诳凌上；陆机犯顺履险；潘岳干没取危；颜延年负气摧黜；谢灵运空疏乱纪；

王元长凶贼自诒；谢玄晖侮慢见及。凡此诸人，皆其翘秀者，不能悉纪，大较如此。

【译文】

　　但是自古以来，文人大多陷于轻悖。屈原对自己的才华过于张扬，甚至公开暴露君主的过失；宋玉因体态容貌冶艳而被人视作俳优；东方朔言谈太滑稽了，以致缺少雅致；司马相如盗窃钱财，缺少操守；王褒的过失显露于《僮约》；扬雄的品德败坏于《美新》；李陵投降匈奴，辱没身份；刘歆在王莽执政时立场摇摆不定；傅毅依附党派权贵；班固剽窃其父所著的史书；赵壹恃才倨傲有些过头；冯衍浮华而不实，遭排抑；马融谄媚权贵而遭到讥讽；蔡邕同恶人勾结遭到惩处；吴质仗势横行霸道而触怒乡里；曹植傲慢无理而触犯国法；杜笃毫无节制地向人借贷；路粹的心胸过于狭隘；陈琳的确粗率疏忽；繁钦生性不知检点；刘桢个性过于倔犟，被罚做苦役；王粲轻率狂躁而遭人厌恶；孔融、祢衡恃才傲物而被杀害；杨修、丁廙煽动生事，咎由自取；阮籍因无礼而败坏风俗；嵇康因欺物而不得善终；傅玄因愤争而被免官；孙楚因夸耀而欺上；陆机因作乱而冒险；潘岳因侥幸取利而致危；颜延年因负气而被免职；谢灵运因空疏而作乱；王元长因凶逆而被杀；谢玄晖因侮慢而遇害。上述这些人，在文人中都是杰出的，其他无法全部记起，但是也不外乎此。

【原文】

　　至于帝王，亦或未免。自昔天子而有才华者，唯汉武、魏太祖、文帝、明帝、宋孝武帝，皆负世议，非懿德之君也。自子游、子夏、荀况、孟轲、枚乘、贾谊、苏武、张衡、左思之俦，有盛名而免过患者，时复闻之，但其损败居多耳。

【译文】

至于帝王，也有没能避免这类毛病的。自古有才华的天子，只有汉武帝、魏太祖、魏文帝、魏明帝、宋孝武帝等数人，但是他们还是被世人讥议，因此也不算有美德的君王。从孔子的学生子游、子夏，到荀况、孟轲、枚乘、贾谊、苏武、张衡、左思等人，既享有盛名而又没有过失祸患的，倒也时常听到，不过还是经历损丧败坏的占多数。

【原文】

每尝思之，原其所积，文章之体，标举兴会，发引性灵，使人矜伐，故忽于持操，果于进取。今世文士，此患弥切，一事惬当，一句清巧，神厉九霄，志凌千载，自吟自赏，不觉更有傍人。加以砂砾所伤，惨于矛戟，讽刺之祸，速乎风尘，深宜防虑，以保元吉。

【译文】

为此，我常常思考，寻找病根，大概应当是因为文章这样的东西，必须要高超兴致，触发性灵，而这又往往会使人夸耀才能，从而忽视其操守，而不惜去追名逐利。在当今的文士身上，这种毛病表现得更加深切，一旦有一个典故用得恰当，或是一个句子作得精妙，就会心神上达九霄，意气下凌千年，自己吟咏自我欣赏，飘飘然以至于忘了其他人的存在。沙砾般的伤人，比矛戟伤人更狠毒残忍；讽刺别人而招的祸患，比刮风来得更迅速。所以必须认真思考小心防范，来保全大福。

【原文】

学问有利钝，文章有巧拙。钝学累功，不妨精熟；拙文研思，终归蚩鄙。但成学士，自足为人。必乏天才，勿强操笔。吾见世人，至无才思，自谓清华，流布丑拙，亦以众矣，江南号为诊痴符。近在并州，有一士族，好为可笑诗赋，诳擎邢、魏诸公，众共嘲弄，虚相赞说，便击牛酾酒，招延声誉。其妻，明鉴妇人也，泣而谏之。此人叹曰："才华不为妻子所容，何况行路！"至死不觉。自见之谓明，此诚难也。

【译文】

做学问有快与慢的差别，写文章有巧与拙的区分。做学问迟钝的人只要肯多下功夫，就会达到精熟；写文章笨拙的人再怎么刻苦钻研思考，终究也难免流于陋劣。其实只要有了学问，就足以立世为人。如果真的是天生缺乏资质，还是不必勉强执笔去写文章为好。我见到世人中，不乏一些极其缺乏才思，却还自以为所著文章清新华丽，让其丑拙的文章流传在外的人，这样的人真是太多了，这在江南被称为"诊痴符"。近来在并州，有个士族出身的人，喜欢写引人发笑的诗赋，还和邢邵、魏收等人开玩笑，人家嘲弄他，假意称赞他，他就杀牛斟酒，做东宴请大家，希望人家帮他扩大声誉。他的妻子是个明白事理的女人，哭着劝他，他却叹着气说："我的才华连自己的妻子和孩子都不承认，何况那些不相干的人呢！"他到死也没有醒悟。自己能看清自己才叫明，这确实是很难做到的。

【原文】

学为文章，先谋亲友，得其评裁，知可施行，然后出手；慎勿师心自任，取笑旁人也。自古执笔为文者，何可胜言。然至于宏丽精华，不过数十篇耳。但使不失体裁，辞意可观，便称才士；要须动俗盖世，亦俟河之清乎！

【译文】

学做文章，先要请教亲友，得到他们的评判，知道拿得出去了，方能出手，千万不能自我感觉良好，让旁人取笑。自古以来执笔写文章的，数不胜数，但真能做到气势宏伟、华丽精当的，只不过数十篇而已。所写文章，只要体裁没有问题，文章内容也还值得一看，那么就可称得上才士。但是倘若一定要写出惊世骇俗压倒当世的文章，那恐怕就像黄河要澄清那样不容易等到了。

【原文】

不屈二姓，夷、齐之节也；何事非君，伊、箕之义也。自春秋已来，家有奔亡，国有吞灭，君臣固无常分矣；然而君子之交绝无恶声，一旦屈膝而事人，岂以存亡而改虑？陈孔璋居袁裁书，则呼操为豺狼；在魏制檄，则目绍为蛇虺。在时君所命，不得自专，然亦文人之巨患也，当务从容消息之。

【译文】

不向另一个朝代屈身，是伯夷、叔齐的节操；可侍奉任何君王，是伊尹、箕子所持的道义。自春秋以来，卿大夫的家族颠沛流离，邦国被吞灭，君主与臣子之间就没有固定的名分了；然而君子之间交往，是绝对不会招致什么不好的名声的，但屈膝侍奉另主，怎么可以因故主的存亡而改变自己的立场呢？陈琳跟着袁绍时，就称曹操为豺狼；而跟着曹操时，又称袁绍为蛇虺。当然了，这是当时君主的命令，由不得自己，但这也是文人的通病，应该好好地斟酌斟酌。

【原文】

或问扬雄曰："吾子少而好赋？"雄曰："然。童子雕虫篆刻，壮夫不为也。"余窃非之曰：虞舜歌《南风》之诗，周公作《鸱鸮》之咏，吉甫、史克《雅》、《颂》之美者，未闻皆在幼年累德也。孔子曰："不学《诗》，无以言。""自卫返鲁，乐正，《雅》、《颂》各得其所。"大明孝道，引《诗》证之。扬雄安敢忽之也？

【译文】

有人问扬雄："你小时候喜欢作诗吗？"扬雄答道："喜欢。诗赋就好像学童所练的虫书、刻符，成年人总是对此不屑一顾。"我不赞同这种说法：虞舜歌吟的《南风》，周公所作的《鸱鸮》，尹吉甫、史克各有《雅》《颂》中的那些美好文章，但并没有听说因为这些是他们小时候所写而损害了他们的德行。孔子说："不学《诗》，就不能擅长辞令。"又说："我从卫国回到鲁国，整理了

《诗》的乐章，使《雅》乐、《颂》乐各得其所。"孔子彰显孝道，就用《诗》来进行验证。扬雄怎么可以忽视这些呢？

【原文】

若论"诗人之赋丽以则，辞人之赋丽以淫"，但知变之而已，又未知雄自为壮夫何如也？著《剧秦美新》，妄投于阁，周章怖慴，不达天命，童子之为耳。桓谭以胜老子，葛洪以方仲尼，使人叹息。此人直以晓算术，解阴阳，故著《太玄经》，数子为所惑耳；其遗言馀行，孙卿、屈原之不及，安敢望大圣之清尘？且《太玄》今竟何用乎？不啻覆酱瓿而已。

【译文】

若像他所说"诗人的赋华丽而合乎规则，词人的赋华丽而过分淫滥"，这只不过是道出了二者的差别而已，却并不能说明作为一个成年人该去做什么。写了《剧秦美新》，就稀里糊涂地从天禄阁上往下跳，惊慌失措，不能通达天命，那才是小孩子的行为呢。桓谭认为扬雄胜过老子，葛洪也将扬雄与孔子相提并论，实在是让人感叹不已。扬雄不过是因为通晓术数，懂得阴阳之学，因而撰写了《太玄经》，就这样便将那几个人迷惑了；他所说的话，所做的事，还赶不上荀子和屈原，又怎能将他与大圣人相提并论呢？更何况《太玄经》在今天又能发挥什么作用呢？恐怕跟盖酱瓿所起的作用没多大的差别吧。

【原文】

齐世有席毗者，清干之士，官至行台尚书，嗤鄙文学，嘲刘逖云："君辈辞藻，譬若荣华，须臾之玩，非宏才也；岂比吾徒千丈松树，常有风霜，不可凋悴矣！"刘应之曰："既有寒木，又发春华，何如也？"席笑曰："可哉！"

【译文】

北齐有个大将叫席毗，英明有才干，官至行台尚书。他看不起文学，嘲笑刘逖说："你们这些人的辞藻，就好像花草，只能供人赏玩片刻，而根本不能做栋梁；怎么能跟我这样遇到风霜而不凋零的千丈松树相比呢！"刘逖说："既可以耐寒，又可以开花，你觉得这样如何啊？"席毗笑着答道："那当然是再好不过了！"

【原文】

凡为文章，犹人乘骐骥，虽有逸气，当以衔勒制之，勿使流乱轨躅，放意填坑岸也。

【译文】

凡是做文章，好比人骑千里马，虽豪逸奔放，但还是得勒紧缰绳，不要放纵它，乱了奔走的轨迹，以免坠入沟壑。

【原文】

文章当以理致为心肾，气调为筋骨，事义为皮肤，华丽为冠冕。今世相承，趋末弃本，率多浮艳。辞与理竞，辞胜而理伏；事与才争，事繁而才损。放逸者流宕而忘归，穿凿者补缀而不足。时俗如此，安能独违？但务去泰去甚耳。必有盛才重誉、改革体裁者，实吾所希。

【译文】

文章要以义理意致为心肾，气韵格调为筋骨，情节用典为皮肤，华丽辞藻为冠冕。如今相因袭的文章，都是弃本求末，大多过于浮艳。文辞与义理比较，突出文辞而掩盖义理；用典和才思相比，繁复用典而致才思受损。肆意飘逸奔放的，忘掉了文章的主旨；穿凿拘泥的，往往因东修西补而造成文意不通，文采不足。现在的习俗就是这样，自己也不好标新立异，但求不要做得太过就行了。一定会有才高名重的大才，出来对这种文体进行改革，那才是我所盼望的呢。

【原文】

古人之文，宏才逸气，体度风格，去今实远；但缉缀疏朴，未为密致耳。今世音律谐靡，章句偶对，讳避精详，贤于往昔多矣。宜以古之制裁为本，今之辞调为末，并须两存，不可偏弃也。

【译文】

古人的文章，气势宏大，潇洒飘逸，其体度风格都比现今的文章要高出很多。只是古人在结撰编著的过程中，用词遣句、过渡勾连等方面还粗疏质朴，不够周密细致。如今的文章，音律和谐华丽，词句工整对称，避讳精细详密，这些都比古人的高超多了。应该以古文的体制格调为根本，以今人的文辞格调做补充，做到两方面并存，不可以偏废。

【原文】

吾家世文章，甚为典正，不从流俗；梁孝元在蕃邸时，撰《西府新文》，讫无一篇见录者，亦以不偶于世，无郑、卫之音故也。有诗、赋、铭、诔、书、表、启、疏二十卷，吾兄弟始在草土，并未得编次，便遭火荡尽，竟不传于世。衔酷茹恨，彻于心髓！操行见于《梁史·文士传》及孝元《怀旧志》。

【译文】

先父的文章非常典雅纯正，不随流俗。梁孝元帝在湘东王府时辑录的《西府新文》，先父的文章一篇都没有被收进去。因为先父的文风不尚浮艳，不迎合世人的口味。先父留有诗、赋、铭、诔、书、表、启、疏等文体的文章共二十卷，我们兄弟当时在服丧期间，还没有来得及编辑整理，就遭遇火灾，被大火烧得精光，最终没有流传下来。我痛心疾首。先父的操守品行见载于《梁史·文士传》和梁孝元帝的《怀旧志》。

【原文】

沈隐侯曰："文章当从三易：易见事，一也；易识字，二也；易读诵，三也。"邢子才常曰："沈侯文章，用事不使人觉，若胸臆语也。"深以此服之。祖孝征亦尝谓吾曰："沈诗云：'崖倾护石髓。'此岂似用事邪？"

【译文】

沈约说："写文章应该遵从'三易'的原则：一是叙事用典明白易懂；二是文字浅显容易识认；三是易于诵读记忆。"邢子才常说："沈约的文章，别人都觉察不出其用典录事，仿佛直抒胸臆一样。"我也因此非常钦佩他，祖孝征也曾对我说："沈约的诗说'崖倾护石髓',这句诗难道真的像在用典吗?"

【原文】

邢子才、魏收俱有重名,时俗准的,以为师匠。邢赏服沈约而轻任昉,魏爱慕任昉而毁沈约,每于谈宴,辞色以之。邺下纷纭,各有朋党。祖孝征尝谓吾曰:"任、沈之是非,乃邢、魏之优劣也。"

【译文】

邢子才、魏收二人均负有盛名,当时的人都把他们作为楷模,奉为宗师。邢子才赏识钦佩沈约而轻视任昉,魏收仰慕任昉而诋毁沈约,他们在一起吃饭聊天时,经常为此争得不可开交。邺城的人对此也是说法不一,两人都有自己的朋党。祖孝征曾对我说:"任昉、沈约两人的是非曲直,事实上恰恰反映了邢子才、魏收的优和劣。"

【原文】

《吴均集》有《破镜赋》。昔者,邑号朝歌,颜渊不舍;里名胜母,曾子敛襟:盖忌夫恶名之伤实也。破镜乃凶逆之兽,事见《汉书》,为文幸避此名也。比世往往见有和人诗者,题云敬同。《孝经》云:"资于事父以事君而敬同。"不可轻言也。

【译文】

《吴均集》中有篇《破镜赋》。以前有个朝歌城,就因为这个地名,颜渊便不在这里停留;有个胜母乡,曾子到这儿后,整整衣襟就走了。这大概是因为他们忌讳不好的名称会损坏事物原有的内涵吧。"破镜"是一种凶恶的野兽，其出典见于《汉书》，作文时希望你们要避免用诸如此类的名称。近来常看到有人随和别人的诗作，在和诗的题目上写着"敬同"二字。《孝经》里说："资于事父以事君而敬同。"所以"敬同"这个词是不可以随便用的。

【原文】

梁世费旭诗云："不知是耶非。"殷沄诗云："飙飏云母舟。"简文曰："旭既不识其父，沄又飙飏其母。"此虽悉古事，不可用也。世人或有文章引《诗》"伐鼓渊渊"者，《宋书》已有屡游之诮；如此流比，幸须避之。北面事亲，别舅擿《渭阳》之咏；堂上养老，送兄赋桓山之悲，皆大失也。举此一隅，触涂宜慎。

【译文】

梁代费旭的诗中说："不知是耶非。"殷沄的诗中说："飙飏云母舟。"简文帝说："费旭既不认识他的父亲，殷沄又让他母亲到处飘荡。"这些虽然都已经是过去的事了，但是你们也要注意不可随意引用。有人在作文时引用《诗经》的"伐鼓渊渊"，《宋书》对这些不懂得用反语的人曾予以讥讽；像这样的词句，你们一定要避免使用。如果在侍奉母亲，在与舅舅分别时，却尽情吟唱《渭阳》；如果在侍养老父，送别兄长时，却以"桓山之鸟"来表达自己的悲痛情绪，这些可就是大错特错了。列举这些例子，你们要懂得触类旁通，由此及彼，处处谨慎小心。

江南文制，欲人弹射，知有病累，随即改之，陈王得之于丁廙也。山东风俗，不通击难。吾初入邺，遂尝以此忤人，至今为悔；汝曹必无轻议也。

【译文】

江南人写文章，总是希望听到别人的批评指责，一旦发现毛病，就立刻修改。陈思王曹植就是从丁廙那里体会到这种风气的。山东的风俗，则不知该如何去请教别人来对自己的文章进行批评指导。我初到邺城之时，曾因批评别人的文章而得罪他人，至今还为此后悔不已。你们可别轻易地去议论别人的文章啊。

【原文】

凡代人为文，皆作彼语，理宜然矣。至于哀伤凶祸之辞，不可辄代。蔡邕为胡金盈作《母灵表颂》曰："悲母氏之不永，然委我而夙丧。"又为胡颢作其父铭曰："葬我考议郎君。"《袁三公颂》曰："猗欤我祖，出自有妫。"王粲为潘文则《思亲诗》云："躬此劳悴，鞠予小人；庶我显妣，克保遐年。"而并载乎邕、粲之集，此例甚众。

　　凡是替别人写文章，就要用人家的口气，按理说这是必须的。至于那些表达哀伤凶祸内容的文章，最好不要随便替人代笔。蔡邕为胡金盈作《母灵表颂》道："悲母氏之不永，然委我而凤丧。"又为胡颢代笔替他父亲写墓志铭说："葬我考议郎君。"还有《袁三公颂》说："猗欤我祖，出自有妫。"王粲替潘文写《思亲诗》说："躬此劳悴，鞠予小人；庶我显妣，克保遐年。"这几篇文章都收集在蔡邕、王粲的文集里，此类例子有很多。

【原文】

　　古人之所行，今世以为讳。陈思王《武帝诔》，遂深永蛰之思；潘岳《悼亡赋》，乃怆手泽之遗：是方父于虫，匹妇于考也。蔡邕《杨秉碑》云："统大麓之重。"潘尼《赠卢景宣诗》云："九五思龙飞。"孙楚《王骠骑诔》云："奄忽登遐。"陆机《父诔》云："亿兆宅心，敦叙百揆。"《姊诔》云："伣天之和。"今为此言，则朝廷之罪人也。王粲《赠杨德祖诗》云："我君饯之，其乐泄泄。"不可妄施人子，况储君乎？

【译文】

　　古人的这种做法，今天看来犯了忌讳。陈思王曹植的《武帝诔》，用"永蛰"一词来表达对亡父的深切怀念；潘岳的《悼亡赋》用"手泽"一词来抒发看到亡妻遗物而勾起的悲伤。前者将父亲比作了永远冬眠的昆虫，后者则将亡妻跟亡父等同了。蔡邕的《杨秉碑》说："统大麓之重。"潘尼的《赠卢景宣诗》说：

"九五思龙飞。"孙楚的《王骠骑诔》说:"奄忽登遐。"陆机的《父诔》说:"亿兆宅心,敦叙百揆。"《姊诔》说:"倪天之和。"如果今天再用这种写法,早成了朝廷的千古罪人。王粲的《赠杨德祖诗》说:"我君饯之,其乐泄泄。"像这种表示母子重归于好的话尚且不能妄用于一般人家的儿女,更何况是太子呢?

【原文】

挽歌辞者,或云古者《虞殡》之歌,或云出自田横之客,皆为生者悼往告哀之意。陆平原多为死人自叹之言,诗格既无此例,又乖制作本意。

【译文】

挽歌辞,有人说始于古代的《虞殡》之歌,有人说出自田横的门客,这都是活着的人用来追悼已逝的人,以表哀伤之意的。陆机写的挽歌多是死者的自叹之言,在挽歌诗的格式中,还没有这样的例子,这也与制作挽歌诗的本意相背离。

【原文】

凡诗人之作,刺箴美颂,各有源流,未尝混杂,善恶同篇也。陆机为《齐讴篇》,前叙山川物产风教之盛,后章忽鄙山川之情,殊失厥体。其为《吴趋行》,何不陈子光、夫差乎?《京洛行》,胡不述赧王、灵帝乎?

【译文】

凡是诗人的作品,无论是讽刺的、针砭的,还是歌颂赞美的,都有各自的源流,从来不会将贬恶扬善的内容混杂在一处。陆机作《齐讴篇》,在前半部分叙述山川物产风俗教化的丰盛,却在后半部分时忽然出现了鄙薄山川的情绪，这就与诗的体制背离了。他写的《吴趋行》，为什么不谈及子光、夫差的事呢？他写的《京洛行》，又为什么不叙述周赧王、汉灵帝的事呢？

【原文】

自古宏才博学，用事误者有矣；百家杂说，或有不同，书傥湮灭，后人不见，故未敢轻议之。今指知决纰缪者，略举一两端以为诫。《诗》云："有鷕雉鸣。"又曰："雉鸣求其牡。"毛《传》亦曰："鷕，雌雉声。"又云："雉之朝雊，尚求其雌。"郑玄注《月令》亦云："雊，雄雉鸣。"潘岳赋曰："雉鷕鷕以朝雊。"是则混其雄雌矣。

【译文】

自古至今，那些才华横溢、博学多才的人，引用典故出差错的也大有人在；诸子百家的杂说，有些对同一件事持不同的观点，如果这些湮没，那么后人就看不到了，因此我也不能妄加评论。现在我只挑出那些绝对错误的，简单举几个例子让你们借鉴。《诗经》说："有鷕雉鸣。"又说："雉鸣求其牡。"《毛许训诂传》也说："鷕，是雌雉的鸣叫声。"《诗经》又说："雉之朝雊，尚求其雌。"郑玄注《月令》也说："雊，是雄雉的鸣叫声。"而潘岳的赋说："雉鷕鷕以朝雊。"这样一来就混淆了雄雌二者的区别。

【原文】

《诗》云："孔怀兄弟。"孔，甚也；怀，思也，言甚可思也。陆机《与长沙顾母书》，述从祖弟士璜死，乃言："痛心拔脑，有如孔怀。"心既痛矣，即为甚思，何故方言有如也？观其此意，当谓亲兄弟为孔怀。《诗》云："父母孔迩。"而呼二亲为孔迩，于义通乎？《异物志》云："拥剑状如蟹，但一螯偏大尔。"何逊诗云："跃鱼如拥剑。"是不分鱼蟹也。

【译文】

《诗经》说："孔怀兄弟。"孔，是非常之意；怀，是思之意。孔怀便是十分想念之意。陆机的《与长沙顾母书》，讲述了从祖弟陆士璜之死，却说："痛心拔脑，有如孔怀。"心中感到伤痛，当然是十分想念了，为什么还要说"有如"呢？看来他这句话的意思是把"孔怀"理解为亲兄弟了。《诗经》说："父母孔迩。"如果按照陆机的用法，则应将父母称作"孔迩"了，这样怎么能说得通呢？《异物志》说："拥剑的形状如蟹，只是有一只螯偏大。"何逊的诗却说："跃鱼如拥剑。"这就是不区分鱼和蟹了。

【原文】

《汉书》："御史府中列柏树，常有野鸟数千，栖宿其上，晨去暮来，号朝夕鸟。"而文士往往误作乌鸢用之。《抱朴子》说项曼都诈称得仙，自云："仙人以流霞一杯与我饮之，辄不饥渴。"而简文诗云："霞流抱朴碗。"亦犹郭象以惠施之辨为庄周言也。《后汉书》："囚司徒崔烈以银铛镵。"银铛，大锁也；世间多误作金银字。武烈太子亦是数千卷学士，尝作诗云："银锁三公脚，刀撞仆射头。"为俗所误。

【译文】

《汉书》说："御史府中排列着一行柏树，常有数千只野鸟栖息在上面，早上飞走了，傍晚又飞回来，因而称之为朝夕鸟。"但文人们却往往将"鸟"字误当"乌鸢"的"乌"字来用。《抱朴子》说，项曼都伪称遇上仙人了，自言："仙人拿一杯'流霞'让我喝，我饥渴的感觉就不再有了。"而简文帝的诗说："霞流抱朴碗。"这就跟郭象将惠施辩说的话当作庄周的话类似了。《后汉书》说："囚禁司徒崔烈用银铛锁。"银铛，即大的铁锁链；人们常把"银"字误作金银的"银"字。武烈太子也是读过数千卷书的学士，他却曾作诗："银锁三公脚，刀撞仆射头。"这是因其受世俗的影响而导致的错误。

【原文】

文章地理，必须惬当。梁简文《雁门太守行》乃云："鹅军攻日逐，燕骑荡康居，大宛归善马，小月送降书。"萧子晖《陇头水》云："天寒陇水急，散漫俱分泻，北往徂黄龙，东流会白马。"此亦明珠之颣、美玉之瑕，宜慎之。

【译文】

文章中凡涉及地理的，必须准确。梁简文帝《雁门太守行》中说："鹅军攻日逐，燕骑荡康居。大宛归善马，小月送降书。"萧子晖在《陇头水》中说："天寒陇水急，散漫俱分泻，北往徂黄龙，东流会白马。"这些就是明珠上的一点小毛病、美玉上的一点瑕疵，应该认真谨慎地对待。

【原文】

　　王籍《入若耶溪》诗云："蝉噪林逾静，鸟鸣山更幽。"江南以为文外断绝，物无异议。简文吟咏，不能忘之，孝元讽味，以为不可复得，至《怀旧志》载于《籍传》。范阳卢询祖，邺下才俊，乃言："此不成语，何事于能。"魏收亦然其论。《诗》云："萧萧马鸣，悠悠旆旌。"毛《传》曰："言不喧哗也。"吾每叹此解有情致，籍诗生于此耳。

【译文】

　　王籍的《入若耶溪》说："蝉噪林逾静，鸟鸣山更幽。"江南地区的人都认为此乃独一无二的绝句，没有人对此有异议。简文帝吟咏之后，总是无法忘怀。梁元帝也经常诵读回味，认为这是不可多得的佳句，所以在《怀旧志》中仍收载入《王籍传》。范阳卢询祖，是邺城的儒雅之人，他却说："这两句不是什么好的联语，也看不出他有多高的才能。"魏收也对此观点持赞同态度。《诗经》说："萧萧马鸣，悠悠旆旌。"《毛诗诂训传》说："这是肃静不喧哗嘈杂的意思。"我每次都叹服这个解释真是别有情致，而王籍的这一诗句也正是由此而来的。

【原文】

　　兰陵萧悫，梁室上黄侯之子，工于篇什。尝有《秋》诗云："芙蓉露下落，杨柳月中疏。"时人未之赏也。吾爱其萧散，宛然在目。颍川荀仲举、琅琊诸葛汉，亦以为尔。而卢思道之徒，雅所不惬。

　　兰陵的萧悫，是梁上黄侯晔的儿子，最擅长作诗。他写过一首题为《秋》的诗，诗中说："芙蓉露下落，杨柳月中疏。"当时的人们并不欣赏这两句诗，而我却很喜爱，我觉得它空远散淡，所描绘的景象简直就在眼前。颍川荀仲举、琅琊诸葛汉，也都这样认为。但是卢思道等人，对这两句诗却不太满意。

【原文】

　　何逊诗实为清巧，多形似之言；扬都论者，恨其每病苦辛，饶贫寒气，不及刘孝绰之雍容也。虽然，刘甚忌之，平生诵何诗，常云："'蘧车响北阙'，恓恓不道车。"又撰《诗苑》，止取何两篇，时人讥其不广。刘孝绰当时既有重名，无所与让；唯服谢朓，常以谢诗置几案间，动静辄讽味。简文爱陶渊明文，亦复如此。江南语曰："梁有三何，子朗最多。"三何者，逊及思澄、子朗也。子朗信饶清巧。思澄游庐山，每有佳篇，亦为冠绝。

【译文】

　　何逊的诗真是清新奇巧，并且形象生动的语言很多；而扬都的评论者却批评他的诗总是太多深思，用心太苦，衰冷萧瑟之意太浓，没有刘孝绰的诗那样雍容闲和。尽管如此，刘孝绰还是很妒忌他，平时诵读他的诗句时，总是说："'蘧车响北阙'，恓恓不道车。"后来他又撰写了《诗苑》，却只收录了何逊的两首诗，当时的人们都讥讽他心胸狭窄，不够大度。刘孝绰在当时已享有盛名，所以也并无谦让可言。他只佩服谢朓，常常把谢朓的诗放在几案上，动不动就讽诵玩味。梁简文帝因为喜欢陶渊明的诗，所以也常常像他这样做。江南有俗语说："梁朝有三何，子朗才气最足。""三何"指何逊、何思澄、何子朗。何子朗的诗也崇尚清新奇巧。何思澄登游庐山时也常有佳作问世，他在当时也是桂冠级的诗人。

【评析】

诗人陆游曾作诗道："文章本天成，妙手偶得之。"颜氏在本篇开篇就指出了写文章不同于做学问，他说学业上迟钝者，只要多下功夫，仍能达到精熟的程度；但是写文章如果没有才气，无论怎样精心致力，终究难免流于鄙俗。所以说，如果没有天赋和才气，还是不要写文章为好。

他还指出撰写文章，就像人骑着骏马，虽很飘逸潇洒但还是要勒紧缰绳，不可纵意而行，以免偏离正道，乃至坠入沟坑。也就是说写文章要守章法，不可放任自流。这既是为文之道，也是为人之道。同时，颜氏更加重视文章的思想性，他主张文章当以思想性为第一，艺术性为第二，这是难能可贵的。当代大学者钱锺书对颜氏的文论推崇备至，称其"论文甚精"，"深解著作义法"，其高明之处，远非那些"徒能命笔、不识体要"的人所能比拟。

曾国藩也很注重对子弟的作文方面的培养。他不止一次在给儿子的家书中提到写文章的诸多事宜。在给儿子纪泽的信中，他指出做文章要模仿古人的风格和间架。比如，《诗经》造句的方法，没有一句话是无原本的，而《左传》里的文句，多数是现成的句调。扬子云被称为汉代的文宗，而他的《太玄》模仿《易经》，《法言》模仿《论语》，《方言》模仿《尔雅》，《十二箴》模仿《虞箴》，《长杨赋》模仿《难蜀父老》，《解嘲》模仿《客难》，《甘泉赋》模仿《大人赋》，《剧秦美新》模仿《封禅文》，《谏不许单于朝书》模仿《国策·信陵君谏伐韩》，几乎每篇文章都是模仿前任而来的。即使是韩、欧、曾、苏文坛巨星的文章，也都有模仿的痕迹，这种模仿的写法已成为一种特定的体裁。因此他希望儿子以后做文章做诗赋，都应该用心模仿，不过间架可自成一体，这样收到的效果比较好，入门也更容易。颜氏也提醒子孙，做文章要学会取长补短，即以古人文章的体制格调为根本，以今人文章的文辞格调作为补充，做到二者并存，不可偏废。

颜氏也告诫子孙写文章不能凭自我感觉判定优劣，要先请教亲朋好友，得到他们的评判，然后才决定是否可以公之于世，这样才不至于贻笑大方。

古人对做文章非常讲究，也因此留下了许多不朽的篇章。今天，写文章也是一个非常普遍的现象，出书的热潮愈演愈烈。文人出书、名人出书、普通人出书，但是真正本着以传播弘扬文化，对读者负责的态度的却并不多。看看当今文化圈的现状，再看看古人对做文章的严谨态度，我们是否应该有所反思呢？长此以往，我们的后代耳濡目染的大多是今天这些没有内涵、缺少文采，有的甚至可以说连文字都不通、纯粹是为了炒作而写的文章，那么我们的社会还能发展吗？

名实第十

【原文】

名之与实，犹形之与
影也。德艺周厚，则名必
善焉；容色姝丽，则影必
美焉。今不修身而求令名
于世者，犹貌甚恶而责妍
影于镜也。上士忘名，中
士立名，下士窃名。忘名
者，体道合德，享鬼神之
福佑，非所以求名也；立
名者，修身慎行，惧荣观
之不显，非所以让名也；
窃名者，厚貌深奸，干浮
华之虚称，非所以得名也。

【译文】

名声与实质的关系，就好比

形与影的关系。德才兼备的人，其名声就一定好；容貌美丽的人，其影像就一定美。如今有人不修身而想在世上传好的名声，就好比容貌很丑而要求镜子里出现美丽的影像一样。品德高尚之人不在乎名声，品德一般的人希望树立名声，品德低下的人欺世盗名。不在乎虚名的人，就是体道合德，享受鬼神的福佑，他们并不是靠追求名声而得到美名的；树立名声的人，注意修身养性，谨慎行事，生怕自己的名誉得不到显扬，被湮没，所以他们对名声是不会轻易谦让的；欺世盗名的人，从外表看忠厚老实，而内心却狡猾奸诈，他们会为谋求浮华的虚名而不择手段，当然，尽管如此，他们还是得不到真正的好名声。

【原文】

人足所履，不过数寸，然而咫尺之途，必颠蹶于崖岸，拱把之梁，每沈溺于川谷者，何哉？为其旁无余地故也。君子之立己，抑亦如之。至诚之言，人未能信，至洁之行，物或致疑，皆由言行声名无余地也。吾每为人所毁，常以此自责。若能开方轨之路，广造舟之航，则仲由之言信，重于登坛之盟，赵熹之降城，贤于折冲之将矣。

【译文】

人的双脚所踩的宽度，只有几寸。但是人们走在尺把宽的小路上时，常常会失足跌落，过独木桥时，也往往会落进溪谷河流被淹死。这是什么原因呢？原因就是这些地方的旁边都没有余地。君子立身处世的情况，和这个是类似的道理。最真诚的话，人们未必会相信；最纯洁的行为，有人或许还会产生怀疑，这都是人的言行举止、声望名誉没有回旋余地的缘故。我被人诋毁时，就常常用这个道理自我反省。如果在立身处世上能做到像走在平坦大道、宽广的浮桥上一样给自己留有宽广的余地，那么你所说的话就会很有分量，像子路的言语，胜过诸侯会盟的誓言；你所做的事也会很有成效，像赵熹劝降一城，胜过冲锋陷阵的大将。

【原文】

吾见世人，清名登而金贝入，信誉显而然诺亏，不知后之矛戟毁前之干橹也。虑子贱云："诚于此者形于彼。"人之虚实真伪在乎心，无不见乎迹，但察之未熟耳。一为察之所鉴，巧伪不如拙诚，承之以羞大矣。伯石让卿，王莽辞政，当于尔时，自以巧密，后人书之，留传万代，可为骨寒毛竖也。

【译文】

我见到世上的人，在名利双收、信誉显露后便开始聚敛财富，开始不信守诺言，他们不懂得其后面的行为就像矛戟，这是在捣毁前面的盾牌啊！虑子贱说过："内心真实的东西总会在外面表露出来。"人的虚或实、真或伪固然是藏在内心的，但没有不在行动上表现出来的，只是观察得不仔细罢了。一旦观察得真切，就会被别人看到真相，则巧妙的虚伪还不如笨拙的真实，也会由此招来更大的羞辱。伯石的假意推让卿位，王莽的佯装辞谢政权，在当时自以为做得很巧妙，可是真相还是被后人记载下来，留传万世了，这可真叫人看了毛竖骨寒、心惊胆战啊！

【原文】

近有大贵，以孝著声，前后倨丧，哀毁逾制，亦足以高于人矣。而尝于苫块之中，以巴豆涂脸，遂使成疮，表哭泣之过。左右童竖，不能掩之，益使外人谓其居处饮食，皆为不信。以一伪丧百诚者，乃贪名不已故也。

【译文】

近来有个大贵人，以孝著称。先后居丧期间，其表现哀痛程度的举动都超过了一般礼制，这也足以显得高于常人了。可他却还在草荐土块之中，用有大毒的巴豆来涂脸，特意使脸上生疮，来制造一种他因哭泣得厉害而使脸上生疮的假象。身旁的童仆未能替他保密，真相传出去后，外人反而说他服丧中的居处饮食都是在伪装。就这样，由于有一件事情伪装，而毁掉了许多真实行为的效果，这就是无休止地追求虚名造成的啊！

【原文】

有一士族，读书不过二三百卷，天才钝拙，而家世殷厚，雅自矜持，多以酒犊珍玩交诸名士。甘其饵者，递共吹嘘。朝廷以为文华，亦尝出境聘。东莱王韩晋明笃好文学，疑彼制作，多非机杼，遂设宴言，面相讨试。

【译文】

有一个士族子弟，所读之书也不过二三百卷而已，天资笨拙，可家世殷实富裕，常常附庸风雅，多用酒肉、珍宝、玩好来结交名士。名士中对酒肉、珍宝、玩好感兴趣的，就相继为他吹嘘，使朝廷也以为他有才华，曾经任命他作为使节，出访各国。齐东莱王韩晋明深爱文学，对他的作品产生怀疑，认为这位士族子弟的诗文不是他本人所命意构思的，于是就设宴，当面试探。

【原文】

竟日欢谐，辞人满席，属音赋韵，命笔为诗，彼造次即成，了非向韵。众客各自沉吟，遂无觉者。韩退叹曰："果如所量！"韩又尝问曰："玉珽杼上终葵首，当作何形？"乃答云："珽头曲圜，势如葵叶耳。"韩既有学，忍笑为吾说之。

【译文】

那一天，宴席上的氛围欢乐和谐，文人雅士齐聚一堂，互相提诗唱和。这个士族子弟也仓促作好一首诗，可全然没有向来的风格韵味，好在客人们各自在沉思吟味，没有发觉。韩晋明宴会后叹息道："果真像我们所估量的那样！"韩晋明又有一次问这个人："玉珽的机杼上安装终葵之首，是什么形状？"他居然回答说："珽头弯曲，大概像葵叶的形状吧。"韩晋明颇有学问，他对我谈起这件事情时还是忍俊不禁。

【原文】

治点子弟文章，以为声价，大弊事也。一则不可常继，终露其情；二则学者有凭，益不精励。

【译文】

替子弟修改润色甚至撰写文章，来抬高他的声名，是一大坏事。一是不能经常如此，时间久了终究是会露出马脚的；二是这样会使正在学习的子弟感到有了依赖，他们就会更加懒怠而不肯专心努力学习了。

【原文】

邺下有一少年，出为襄国令，颇自勉笃。公事经怀，每加抚恤，以求声誉。凡遣兵役，握手送离，或赍梨枣饼饵，人人赠别，云："上命相烦，情所不忍；道路饥渴，以此见思。"民庶称之，不容于口。及迁为泗州别驾，此费日广，不可常周，一有伪情，触途难继，功绩遂损败矣。

【译文】

邺下有个年轻人，出任襄国县令，非常勤奋，对公事十分谨慎，对下属也关怀备至，他想以此来谋求声誉。每当有兵差的时候，他都要与兵士一一握手相送，有时还拿出梨枣糕饼等食物赠送，与每个人告别时，他都要说："上边有命令要麻烦你们，我感情上实在不忍。路上饥渴，送这些以表心意。"民众对他赞不绝口。到他迁任泗州别驾官时，这种费用更是一天多似一天，不可能经常办到。时间一长，就会矫情虚饰，到处难以相继，原先的名声也随之而毁失了。

【原文】

或问曰："夫神灭形消，遗声余价，亦犹蝉壳蛇皮，兽远鸟迹耳，何预于死者，而圣人以为名教乎？"对曰："劝也，劝其立名，则获其实。且劝一伯夷，而千万人立清风矣；劝一季札，而千万人立仁风矣；劝一柳下惠，而千万人立贞风矣；劝一史鱼，而千万人立直风矣。故圣人欲其鱼鳞凤翼，杂沓参差，不绝于世，岂不弘哉？"

【译文】

有人问："人一死，精神和形体都消失了，留下的名声，也就像蝉脱的壳，蛇蜕的皮，鸟兽经过后留下的足迹，这与死人已经没有任何关系了，而圣人为什么还要用这些来教化百姓呢？"回答说："是为了勉励人们树立名誉，而且要做到名实相副。况且褒扬一个伯夷，清正的风气就会于千万人中形成；褒扬一个季札，仁爱的风气就会于千万人中形成；褒扬一个柳下惠，贞操的风气就会于千万人中形成；褒扬一个史鱼，正直的风气就会于千万人中形成。所以圣人希望这类美名不绝如缕，流传在世上，这不是具有很大的意义吗？"

【原文】

四海悠悠，皆慕名者，盖因其情而致其善耳。抑又论之，祖考之嘉名美誉，亦子孙之冕服墙宇也，自古及今，获其庇荫者亦众矣。夫修善立名者，亦犹筑室树果，生则获其利，死则遗其泽。世之汲汲者，不达此意，若其与魂爽俱升，松柏偕茂者，惑矣哉！

【译文】

在如此之大的天地间，人人仰慕美名，这大概是由人们都喜欢善的东西的性情所决定的吧。再说了，祖先的好名声，也会给子孙后代带来美好的声誉，自古以来，获得祖先声誉荫庇的也实

在是有很多。多行善以树立好名声，就好像盖房子和种果树一样，不但自己在生前能得到很多好处，自己死后，还会给子孙后代带来好处。世上的庸人啊，他们和那些美名与灵魂一同升华、美名与松柏一样长青的贤人相比，可实在是够笨的。

【评析】

名声与实质的关系，就像形体与影子的关系一样。颜氏开篇的这一个生动而又贴切的比喻，是为了教育子孙摆正名与实的关系，提醒他们：要想获得美名，就必须加强自身的修养，做到德才兼备，使名实相副；切不可名不副实，更不可浪得虚名，有名无实。颜氏告诫子孙要正确对待名声，即不要虚名。

中国古代有德行的人都很注重对子孙品德的教育，他们都认为做人才是重要的。做人要讲究诚信，就要言行一致，就要名实相副，只有这样才能得到大家的尊重和爱戴。颜氏教育子孙要行善树立美名，他说这就像盖房子、种果树一样，不但生前能得到好处，死后还能为子孙造福。这可以说是名声的社会价值，他勉励子孙去树立美名，这是因为，遗臭万年的是恶名，炫耀一时的是虚名，而造福千代、流芳万载的是美名。布衣宰相范纯仁就是这方面的典型。

范纯仁是范仲淹的儿子，在父亲的严格管教下，范家始终保持着简朴的门风。不仅如此，范纯仁受父亲的影响，也变得乐于帮助贫穷之人。范仲淹在睢阳任官时，一次，让儿子范纯仁到苏州去运一船麦子。那时候，范纯仁还年轻。麦船返回时，停在丹阳，见到了熟人石曼卿。得知石曼卿因逢亲之丧而无力运枢回家后，范纯仁便自作主张将一船麦子全部送给了石曼卿，让他做回乡的费用。范纯仁只身回家后，因为把麦子全部送人了，不好向父亲交账，在父亲身边站立良久，始终未敢提起此事。范仲淹问儿子到苏州是否遇到老朋友。范纯仁说："石曼卿因亲人的丧事，耽搁在丹阳，没有钱运枢回乡。这时又没有人能像前代郭震那样勇于救人于危难，所以真是求告无门。"范仲淹立刻对儿子说道："为什么不把麦船送给他呢？"范纯仁听父亲说出这话，心里的一块石头落地了，说道："我已经送给他了。"由此可知范仲淹的家风已经传给了他的儿子。

范纯仁继承父风，始终保持着简朴的门风。他和司马光同在洛阳做官时，两人均十分好客，但家中却都很贫困，于是互相约定，倡设"真率会"，宴客仅有粗米饭，酒过数巡即罢。尽管如此，洛阳士人却多将此会当作盛事。范纯仁从布衣一直到宰相，其廉洁俭朴始终如一。做官得来的俸禄，大多用来扩大父亲范仲淹当时创设的救济贫苦人的义庄。他去世的时候，其幼子和五个孙子都还没有出来做官。范纯仁常常对子孙们说："我平生所学到的'忠''恕'两字，一辈子都受用不尽。就是在朝做官、接待同僚、和睦亲朋族人，也没有一刻离得开这两个字。"观其行为，也确实如此。他在朝中有时受到排挤打击，不仅自己不说政敌的坏话，也不准儿子们说对方的坏话。

范纯仁常常教育子弟说："即使是很愚笨的人，要求别人的时候往往是很明白的；即使是很聪明的人，容忍自己的时候往往是很糊涂的。如果能用苛求别人的心来要求自己，用宽恕自己的心来宽恕别人，就不怕做不到圣贤！"他还常常告诫子孙："六经所记载的都是圣人之事，你们知道了一个字，就要去实行一个字。即使在艰难困苦、颠沛流离之时，也能处处按六经所说的去做，那就真的可以称作有为者了！"范纯仁处处以简朴和忠恕教育子弟，同时也是这样劝导自己的亲戚。有个亲戚来请教范纯仁如何处世，范纯仁告诫这个亲戚说："只有简朴才能助成廉洁之心，只有忠恕才可以成就好的德性。"这个亲戚深以为然，将这两句话当作自己的座右铭。

有一则逸事可以反映出范纯仁简朴的家风。范纯仁在朝廷做官时，有一次，留自己的同僚、秘书监晁端在家中吃饭。晁端吃过饭回去后，郑重其事地对旁人说："可惜啊，范丞相家的家风变了！"听到这话的人都不太相信，问他是怎么回事，晁端说："平时他们家吃饭，菜总是咸菜、盐豆腐之类。这次他留我吃饭，咸菜、盐豆腐上居然放了两小簇肉，这不是他们家的家风变了吗？"从晁端所说的范家的食谱，可见范纯仁家中平时生活简朴到了何种程度。

颜氏在文中提到，社会上有些人，在名利双收后，就不再信守诺言，不懂得后者的矛戈可以刺穿前者的盾牌的道理。而故事中范仲淹一家虽然没有提到诚信或名实一致，但是他们的所作所为始终体现诚信，体现名实一致。

失信而毁名，不诚而蒙羞。诚信是中华民族的传统美德，人无诚信不立，国无诚信不强，诚信是立业兴邦、安身立命之本，这也就是古人之所以讲究诚信的原因。社会发展到今天，是不是就不用讲诚信了呢？答案当然是否定的。今天社会的各个领域都呈现出飞速发展的趋势，尤其是在经济大潮的冲击下，企业之间的竞争越来越激烈，这种竞争也是人与人的竞争，要想在激烈的竞争中站稳脚跟，一个至关重要的因素就是要诚信做人，诚信处事，只有言行一致、名实相副，才会得到别人的尊重和信任。因此，无论你身处哪个行业、哪个部门，都要以诚信作为自己的行为准则。同样，要想自己的孩子以后能在社会上站稳脚跟，就应该重视对后代的诚信教育，因为它永远都不会过时。

涉务第十一

　　士君子之处世，贵能有益于物耳，不徒高谈虚论，左琴右书，以费人君禄位也。国之用材，大较不过六事：一则朝廷之臣，取其鉴达治体，经纶博雅；二则文史之臣，取其著述宪章，不忘前古；三则军旅之臣，取其断决有谋，强干习事；四则藩屏之臣，取其明练风俗，清白爱民；五则使命之臣，取其识变从宜，不辱君命；六则兴造之臣，取其程功节费，开略有术，此则皆勤学守行者所能辨也。人性有长短，岂责具美与六涂哉？但当皆晓指趣，能守一职，便无愧耳。

　　士人君子立身处世，要做一些有益的事情，不能只是高谈阔论、抚琴读书，来虚耗君主给他的俸禄官位。国家使用人才，大体不外六个方面：一是在朝廷处理政务的臣子，他们满腹经纶，博学文雅，能通晓国家的体制纲要，了解治国的道理；二是掌管文史的臣子，能撰写典章，通晓前代的典故；三是军旅的臣子，他们有勇有谋，卓绝善战；四是镇守地方的臣子，他们熟悉地方风俗，廉洁爱民；五是奉命出使的外交臣子，他们随机应变，不辱君命；六是精通建筑营造的臣子，能考核工程节省费用，少花钱多办事。这都是勤奋好学、爱岗敬业，并且有操守德行的人才能办得到的。只是人的秉性和才能是不一样的，当然不能强求一个人同时具备这六个方面的素质。只要对这些在大体上懂得一些，而在一个方面有所专长，并能胜任工作，这就可以当之无愧了。

【原文】

吾见世中文学之士，品藻古今，若指诸掌，及有试用，多无所堪。居承平之世，不知有丧乱之祸；处庙堂之下，不知有战阵之急；保俸禄之资，不知有耕稼之苦；肆吏民之上，不知有劳役之勤，故难可以应世经务也。

【译文】

我看世上的一些读书人，评议古今无不头头是道，好像对这些了如指掌，但是真要重用他们，要他们去处理实际事务时，多数无法胜任。他们生活在太平之世，不知道有丧国乱民的祸患；他们在朝廷里当官，不知道有战争的险急；他们俸禄供给稳定可靠，不知道耕作的劳苦和艰辛；凌驾于吏民之上，不知道从事劳役的愁苦与繁重，这样他们就很难应对时势和处理政务。

【原文】

晋朝南渡，优借士族；故江南冠带有才干者，擢为令仆已下，尚书郎中书舍人已上，典掌机要。其余文义之士，多迂诞浮华，不涉世务；纤微过失，又惜行捶楚，所以处于清高，盖护其短也。至于台阁令史，主书监帅，诸王签省，并晓习吏用，济办时须，纵有小人之态，皆可鞭杖肃督，故多见委使，盖用其长也。人每不自量，举世怨梁武帝父子爱小人而疏士大夫，此亦眼不能见其睫耳。

【译文】

晋朝南渡，对士族优待宽容，因此，江南的文士缙绅中有才干的，就能被提升为尚书令、尚书仆射以下，尚书郎、中书舍人以上的官职，来执掌机要。那些稍懂得一点文义的，多数迂诞浮华，不知道怎么处理世务；即使他们有了点小过错，也不好杖责刑罚，因而就只好给他们一个名高职轻的位置，以掩饰他们的短处。至于那些台阁令史、主办监帅、诸王签省等职务，都要求对工作通晓熟练，并能适应临时需要处理的事务，纵使他们流露出下等人的情态，还可以鞭打监督，所以多委任地位低下的人去做，使他们的长处得以发挥。很多人往往没有自知之明，自不量力，世上文士都在抱怨梁武帝父子喜欢任用下等人而疏远士大夫，这就像眼睛不能看到眼睫毛是一样的道理。

【原文】

梁世士大夫，皆尚褒衣博带，大冠高履，出则车舆，入则扶侍，郊郭之内，无乘马者。周弘正为宣城王所爱，给一果下马，常服御之，举朝以为放达。至乃尚书郎乘马，则纠劾之。及侯景之乱，肤脆骨柔，不堪行步，体羸气弱，不耐寒暑，坐死仓猝者，往往而然。建康令王复性既儒雅，未尝乘骑，见马嘶欻陆梁，莫不震慑，乃谓人曰："正是虎，何故名为马乎？"其风俗至此。

【译文】

　　梁朝的士大夫，都崇尚穿宽大的衣服，系阔腰带，戴大帽子，穿厚底鞋，出门以车代步，进门就有人伺候，无论是在城里还是在城外，都没有骑马的。宣城王很喜欢南朝学者周弘正，送给他一匹果下马，他就经常骑着，结果被朝廷上下认为他的行为狂放不羁。以至于当时如果是尚书郎骑马，就会遭到弹劾。侯景之乱爆发的时候，士大夫们个个细皮嫩肉，承受不了步行的辛苦，体质虚弱，气喘如牛，又不能经受寒冷或酷热，结果往往在仓促间就一命呜呼了，由此而丧命的到处都是。建康令王复，性情温文尔雅，从未骑过马，一看见马嘶鸣跳跃，就吓得魂飞魄散，于是他对人说道："这是老虎，为什么叫马呢？"当时的社会风尚竟然颓废到这种地步。

【原文】

　　古人欲知稼穑之艰难，斯盖贵谷务本之道也。夫食为民天，民非食不生矣，三日不粒，父子不能相存。耕种之，莳锄之，刈获之，载积之，打拂之，簸扬之，凡几涉手，而入仓廪，安可轻农事而贵末业哉？江南朝士，因晋中兴，南渡江，卒为羁旅，至今八九世，未有力田，悉资俸禄而食耳。假令有者，皆信僮仆为之，未尝目观起一垅土，耘一株苗；不知几月当下，几月当收，安识世间余务乎？故治官则不了，营家则不办，皆优闲之过也。

【译文】

　　古人深刻体验到务农的艰辛，这大概表现在珍惜粮食、重视农业劳动、以农为本上。民以食为天，百姓没有食物就无法生存，三天不吃饭的话，父子之间也会没有力气互相问候照顾了。粮食要经过耕种、锄草、收割、储存、舂打、扬场等好几道工序，才能放存粮仓，怎么可以轻视农业而重视商业呢？江南朝廷里的官员，虽然随着晋朝的复兴，南渡过江，流落异乡，到现在也经历了八九代，但他们却从来不从事农业生产，而是完全依靠俸禄过活。即使他们有田产，也是随意交给童仆来耕种，他们甚至都没见过别人翻一垄土，插一次秧，不知什么时候播种、什么时候收获，又怎能懂得人世间的其他事务呢？因此，他们做官却不知道为官之道，治家又没有经营之方，这都是养尊处优造成的后果啊！

【评析】

　　颜氏所生活的南北朝时期，朝廷官僚"不涉世务"的现象十分突出，因此，颜氏提出了知识分子要有益于社会，不能只是高谈阔论，抚琴读书，身占其位而不谋其事。从当时的实际出发，他认为国家大致需要六种人才：一是有作为的政治家，二是有修养的理论家和学者，三是有勇有谋、卓绝善战的军事家，四是清廉称职的地方官吏，五是奉命出使不辱君命的外交官员，六是精通建造事业的管理者和工程技术专家。要想做好上述任何一种工作，都需要勤奋好学，爱岗敬业，且有操守德行，也就是我们现在常说的德才兼备。人的才能有长短之别，所以不能要求每个人对这六个方面都很精通，只要大体上懂得一些，然后在其中的某一个方面有所专长，并能胜任工作，就当之无愧了。可以看出，颜氏的人才观，含有全面发展和因材施教相结合的合理因素，这与我们今天提倡的素质教育是有相通之处的。

颜氏把那些不懂事务、缺乏实际能力的士大夫描画得入木三分，指出像这种"五谷不分、四体不勤"的人，做官做不好，治家也治不好，整日养尊处优，这样是无法顺应时事和担当国家大任的。

其实对子弟进行涉务的教育，也是很有必要的，古人都很注重这些。明太祖朱元璋就很注重对儿子这个方面的教育。朱元璋出身贫困，经过艰苦的征战，由一个平民当了皇帝。为了使儿孙们能够继承和守住这份王业，他想让儿子朱标从童年时起就了解这些情况。于是，朱标十三岁时，朱元璋派其返回老家，祭扫临濠的祖墓。

行前，他向儿子道出了自己的良苦用心："商高宗即位前就经受了各种劳苦，周成王也是老早就接受了《天逸》的教训。因为他们都深知小民的疾苦，所以他们继承王位后都勤俭持政，成为一代明主。你生长在富贵的环境里，习惯了安逸的生活。现在让你回老家一趟，途经田野，观览山川，可以通过路途的崎岖了解鞍马的辛劳，观察百姓的稼穑以懂得衣食的艰辛，察知民心的好恶以明白风俗的差异。到了祖宗居住的地方，你要访问一下父老乡亲，打听我起兵渡江时的事情，同时要牢记知晓我创业的艰辛。"朱标遵命而行，在官员的陪同下祭扫祖坟，访旧问贫，观风察俗，完成了他的第一次人生体验。

立朱标为太子后，朱元璋更加注重教育儿子。他强调让朱标习兵："以前周公教导成王整治军队，召公教导康王整顿六师，这都是居安思危、不忘武备的缘故。因为将要继位的嗣君，大都生长于富贵之家，贪恋安逸的生活，对军旅之事则一窍不通，一遇到紧急情况，就不知所措了。"

朱元璋之所以如此苦口婆心地教育儿子知农习武练政，就是因为他明白创业艰难、收成更难的道理，明白生于忧患死于安乐的道理。

民以食为天，古人十分强调以农为本，帝王尚且注重对孩子进行重视农事的教育，普通家庭当然就更不用说了。在今天来讲，也是有它的现实意义的。并不是说我们要教育孩子去务农事，而是要让孩子对社会生活中的事情都有个大体上的了解，不能只让孩子读死书、死读书，其余的一概不让孩子管，以致许多孩子连最起码的自理能力都没有，这与我们倡导的素质教育和全面发展是相背离的。如果只重理论，不重实践，那就是纸上谈兵了，如此一来，不仅不利于孩子的健康发展，而且对国家和社会的进步也会产生一定的影响。就像颜氏在文中提到的，社会上一些读书人，谈古论今头头是道，但真要重用他们时，往往多数不能胜任。所以，我们要注意教育孩子在太平盛世中居安思危，在幸福安乐中忆苦思甜，然后因材施教、因人而异给孩子适当的学习之外的空间，让他们去做感兴趣的事情以及对他们的成长和发展有帮助的事情。

卷五

省事第十二

【原文】

　　铭金人云："无多言，多言多败；无多事，多事多患。"至哉斯戒也！能走者夺其翼，善飞者减其指，有角者无上齿，丰后者无前足，盖天道不使物有兼焉也。古人云："多为少善，不如执一；鼫鼠五能，不成伎术。"

【译文】

　　铭刻在金人身上的文字说："不要多话，多话会多受损；不要多事，多事会多祸患。"这是多么中肯的训诫啊！擅长行走的动物就夺去它的翅膀，善于飞行的动物就减少它的脚趾，头上长角的动物不长上齿，后肢发达的动物前肢退化，这大概是自然的法则不让生物兼具各种长处吧！古人说："做得多而做好的不多，还不如专心做好一件事；鼫鼠有五种本事，可都不精通。"

【原文】

　　近世有两人，朗悟士也，性多营综，略无成名，经不足以待问，史不足以讨论，文章无可传于集录，书迹未堪以留爱玩，卜筮射六得三，医药治十差五，音乐在数十人下，弓矢在千百人中，天文、画绘、棋博，鲜卑语、胡书，煎胡桃油，炼锡为银，如此之类，略得梗概，皆不通熟。惜乎，以彼神明，若省其异端，当精妙也。

【译文】

近代有两个人，都很聪明，他们兴趣广泛，可是却一无所长，经学经不起人家提问，史学够不上和人家讨论，文章不能入选集录流传，书法字迹不堪存留把玩，给别人卜筮六次才中三次，为别人治病十次才有五人痊愈，音乐水平在几十人之下，弓箭的技能又跟众人差不多，天文、绘画、棋博，鲜卑语、胡书，煎胡桃油、炼锡为银，诸如此类，只是懂个大概，都不精通熟练。可惜啊！凭这两位的灵气，如果专攻一门学问或专学一种技能，应该完全能达到很精妙的程度。

【原文】

上书陈事，起自战国，逮于两汉，风流弥广。原其体度：攻人主之长短，谏诤之徒也；讦群臣之得失，讼诉之类也；陈国家之利害，对策之伍也；带私情之与夺，游说之俦也。总此四涂，贾诚以求位，鬻言以干禄。或无丝毫之益，而有不省之困，幸而感悟人主，为时所纳，初获不赀之赏，终陷不测之诛，则严助、朱买臣、吾丘寿王、主父偃之类甚众。良史所书，盖取其狂狷一介，论政得失耳，非士君子守法度者所为也。

向君王上书，议论国家政事，起自战国时期，到汉代的时候就更加盛行。探究它的体制：一是直接指责人君短长的，属谏诤一类；二是揭露群臣得失的，属讼诉一类；三是陈述国家利弊的，属对策一类；四是利用对方的好恶来阿附裁夺的，属游说一类。总的说来，这四类人都是靠出卖忠诚谋取职位，靠卖弄嘴皮子求取利禄。这样也许并不能得到什么好处，反而可能带来不被人君理解的困扰，即使有幸使人君感悟，陈述的建议符合时宜而被及时采纳，开始或许能得到过重的赏赐，但终究还是难逃无法预测的诛罚，历史上的严助、朱买臣、吾丘寿王、主父偃等，很多人有过这种教训。有学问的史官之所以记录这些，都是为了赞扬其狂放耿直的性格，以及他们敢于评论时政得失的勇气罢了，事实上，这不是正人君子和守法度之人所为。

【原文】

今世所睹，怀瑾瑜而握兰桂者，悉耻为之。守门诣阙，献书言计，率多空薄，高自矜夸，无经略之大体，咸粃糠之微事，十条之中，一不足采，纵合时务，已漏先觉，非谓不知，但患知而不行耳。或被发奸私，面相酬证，事途回穴，翻惧愆尤；人主外护声教，脱加含养，此乃侥幸之徒，不足与比肩也。

【译文】

我们现在看到的怀才抱德之士，都以做这种事为耻。那些守在门庭趋于官阙向君王上书的人，多数没有什么真才实学，且为人浅薄，还爱自我吹捧，其实并没有处理国家事务的能力。他们做的都是一些琐碎之事，十条中没有一条是可以采纳的，即使有些是合乎当前事务的，那也是君王早已认识到的，而并非是君王不知道，只怕是人家明白，但是由于种种原因而不能实行罢了。一些上书之人被揭发奸诈谋私，当面与人对质，事情在中途变化，反而担心自己会得到惩罚。君王为了对外保持朝廷的声威教化，也许会包容他们，但这只能算是侥幸而已，人们是不值得与他们并肩为伍的。

【原文】

谏诤之徒，以正人君之失尔，必在得言之地，当尽匡赞之规，不容苟免偷安，垂头塞耳；至于就养有方，思不出位，干非其任，斯则罪人。故《表记》云："事君，远而谏，则谄也；近而不谏，则尸利也。"《论语》曰："未信而谏，人以为谤己也。"

【译文】

直言进谏的人，是要纠正人君过失的，他必须在该说话的地方，尽力去规劝，以尽其辅佐责任，不容苟且偷安，低头塞耳，对政事不闻不问。至于侍奉君王，最重要的是要得法，不要超出自己职权范围去思考问题，如果去干预职权以外的事情，就很可能成为朝廷的罪人。所以《表记》说："侍奉君王，若关系疏远还要去劝谏，那么这种行为就是谄媚；若关系亲密却不去劝谏，那就是只受俸禄而不尽职责了。"《论语》说："当你还没有取得信任而去劝谏，人们就会认为你在诽谤他。"

【原文】

君子当守道崇德，蓄价待时，爵禄不登，信由天命。须求趋竞，不顾羞惭，比较材能，斟量功伐，厉色扬声，东怨西怒；或有劫持宰相瑕疵，而获酬谢，或有喧聒时人视听，求见发遣；以此得官，谓为才力，何异盗食致饱、窃衣取温哉！世见躁竞得官者，便谓"弗索何获"；不知时运之来，不求亦至也。见静退未遇者，便谓"弗为胡成"；不知风云不与，徒求无益也。凡不求而自得，求而不得者，焉可胜算乎！

【译文】

君子应当操守真理、崇尚德行，蓄积声望，等待时机，即使一生都得不到官职，那也只能听从天命的安排了。有的人自己去投机钻营，争夺权势，不顾羞耻，与人比较才能，斟酌功绩，居功傲物，声色俱厉，反对这个又得罪那个；有的人以宰相的缺点作为要挟，从而获得酬报；有的人在人前张扬聒噪，以混淆人们的视听，从而求得早日被起用。如果靠这些手段取得官职，自以为有才能，那实际上与肚子饿而偷吃，身子冷而偷衣又有什么两样呢？有些人看到那些躁进奔走的人能得到官职俸禄，就会说"如果不去索取，哪里会有收获"，这是因为他们还不明白时运到来的时候，即使你不去求取也会获得。看见那些心静谦虚的人没有被重用，就会说"不去争取怎么会成功呢"，这是因为他们也不明白时机未到，即使你再去追求，也是徒劳。所以说，凡不求而得的人，求而不得的人，怎么能算得尽呢？

　　齐之季世，多以财货托附外家，喧动女谒。拜守宰者，印组光华，车骑辉赫，荣兼九族，取贵一时。而为执政所患，随而伺察，既以利得，必以利殆，微染风尘，便乖肃正，坑阱殊深，疮痏未复。纵得免死，莫不破家，然后噬脐，亦复何及。吾自南及北，未尝一言与时人论身分也，不能通达，亦无尤焉。

【译文】

　　北齐到末世的时候，许多人通过对宫中得宠女性进行请求，把自己的财货托付给外家。这些人一旦被任为地方长官，就会官印绶带，奢华艳丽，车马显赫，九族之内无不享受荣耀，富贵一时。可是一旦被执政者看作祸患以后，就会被窥视考察。靠钱财得到的利益，也会因钱财遭受危险，稍微沾染上世俗不洁之事，就会违背公正严肃的原则，陷阱深不可测，受的创伤也很难恢复。就算可以免于一死，但没有不使家庭破裂的，这时再怎么后悔，也晚了。从南到北，我从来都不和人谈论自己的身份地位，尽管不通显发达，但是自己倒也不怨天尤人。

【原文】

　　王子晋云："佐饔得尝，佐斗得伤。"此言为善则预，为恶则去，不欲党人非议之事也。凡损于物，皆无与焉。然而穷鸟入怀，仁人所悯；况死士归我，当弃之乎？伍员之托渔舟，季布之入广柳，孔融之藏张俭，孙嵩之匿赵岐，前代之所贵，而吾之所行也，以此得罪，甘心瞑目。

　　王子晋说："帮别人做饭的时候自己可以闻到香味，帮别人打架的时候自己却会受到伤害。"这句话的意思是说要参与好事，而避开坏事，不能与他人拉帮结伙去做不仁不义之事。凡是有损于人的事情，都不要参与。就连无处可栖的小鸟投入人的怀抱时，心地善良仁慈的人都会可怜它，更不要说那些敢死的义士来投靠我了，我怎么能舍弃他们呢？伍子胥被渔父搭救，季布被人藏在广柳车里，孔融掩护张俭，孙嵩隐藏赵岐，这些行为都为前人所崇尚，也是我所奉行的，就算因此而受到牵连，我也心甘情愿，死而无憾。

【原文】

　　至如郭解之代人报仇，灌夫之横怒求地，游侠之徒，非君子之所为也。如有逆乱之行，得罪于君亲者，又不足恤焉。亲友之迫危难也，家财己力，当无所吝；若横生图计，无理请谒，非吾教也。墨翟之徒，世谓热腹，杨朱之侣，世谓冷肠；肠不可冷，腹不可热，当以仁义为节文尔。

【译文】

　　至于像郭解那样替人报仇，灌夫为人怒责田蚡索求田户，这都是侠义之士所做的事情，而不是君子要做的。倘若因有逆乱的行径，而受到君亲的惩罚和怪罪，那就不值得同情。当亲友有危难的时候，是不应该吝惜自己的财产和能力的；倘若有人居心叵测，提出一些无理要求，我是不会教你们去怜悯他们的。像墨子这一类的人，世人都认为他们是热心肠，而像杨朱这一类人，世人又都认为他们是冷心肠；心肠不能太冷，但也不能过热，而是应当按照仁义来规范节制自己的言行。

【原文】

前在修文令曹，有山东学士与关中太史竞历，凡十余人，纷纭累岁，内史牒付议官平之。吾执论曰："大抵诸儒所争，四分并减分两家尔。历象之要，可以晷景测之；今验其分至薄蚀，则四分疏而减分密。疏者则称政令有宽猛，运行致盈缩，非算之失也；密者则云日月有迟速，以术求之，预知其度，无灾祥也。"

【译文】

以前我在修文令曹时，遇山东学士和关中太史争论历法，参与争论的共几十个人，数年说法纷纭。内史下公文交付议官去详议。我发表议论说："大家所争论的大概是'四分历'和'减分历'两家罢了。通过日影来观测推算天体运行是很关键的；现在根据春分、秋分、夏至、冬至、日食、月食相验证，就可以看出'四分历'显得有些粗疏浅略，而'减分历'却又显得过于精细缜密。主张疏略的一方认为，政令尚且有宽猛之别，而天体的运行也是不断变化的，当然也会有前后之分了，这并不是历法计算的误差；而主张细密的一方则认为日月运行虽然快慢有别，但是只要计算的方法运用得正确，则照样可以预知它们运行的度次，而不存在灾祥的说法。"

【原文】

"用疏则藏奸而不信，用密则任数而违经。且议官所知，不能精于讼者，以浅裁深，安有肯服？既非格令所司，幸勿当也。"举曹贵贱，咸以为然。有一礼官，耻为此让，苦欲留连，强加考核。机杼既薄，无以测量，还复采访讼人，窥望长短，朝夕聚议，寒暑烦劳，背春涉冬，竟无予夺，怨诮滋生，赧然而退，终为内史所迫：此好名之辱也。

【译文】

"如果采用疏略的'四分历'则可能会因隐藏奸邪而不可信；采用细密的'减分历'虽是顺应了天数，但是却违背经义。况且议官所知道的，也未必比争论的双方多。让才疏学浅的人去评审才识渊博的人，怎么会有人信服呢？既然不是律令应该负责的，最好不要去裁决。"令曹上下，都觉得我的话很有道理。但是，有一个礼官，却以这种谦让为耻，怎么都不想放手，用尽一切办法加以验核。但他才疏学浅，所以并没有测量的办法，于是只好没完没了地去采访争论的双方，想以此来分出优劣，他们常常聚在一起议论，暑去寒来，不厌其烦，春去秋往，竟然还是没有结果，并且招致了抱怨和嘲笑，他也不得不羞愧而退，最终受到内史的斥责。这就是因为追求好名声而给自己招致的耻辱。

【评析】

古代的一个铜人背上刻的铭文说："别多说话，话多灾难也多；不要多事，事多祸患也多。"由此引发了颜氏的《省事》这篇文章。不过此省事非彼省事，它跟我们今天的"多一事不如少一事"是不同的，其确切的含义是：不要去做不该做的事，这样才能做好该做的事，这同道家所说的"有所为有所不为"有相同之处。中国古人明确指出省事，并以此来教导子孙的例子并不多，但是，他们的家教无时无处不渗透着这方面的内容。

清人汪辉祖，萧山（今属浙江）人，其小时候家境贫寒，其父汪楷终生不得志，但是却十分注重对儿子的教育。他问儿子读书是为了什么。汪辉祖说是为了将来可以做官。汪楷连连摇头说："你说错啦！做官当然也是读书的目的之一，但做官是不能够求得的。求做官，未必能够做人；如果求做人，即使没有官做，也不失为一个好人。如果运气好，你将来做了官，那么一定要做好官，一定不能让老百姓唾骂，一定不能贻害子孙后代，这些你千万要记住！"从这短短几句话里，可以看出把该做的事做好，不该做的事不要去做。读书，即为该做的事，所以要去做好，进而好好做人。一旦做了官，就一定要在其位谋其职，做好官，恪尽职守，为百姓造福。千万不能做不该做的事情，否则将会遭到百姓的唾骂，还会贻害子孙后代。在当时，有这样见识的人是很少的。

汪辉祖十一岁的时候，父亲去世了。汪楷死后留下一妻一妾，妻王氏，妾徐氏，汪辉祖是徐氏所生。丈夫死后，家里一下陷入更窘迫的境地，尽管如此，汪辉祖的母亲始终都没有放松对儿子的教育。有时教儿子读书，汪辉祖没有达到要求，母亲徐氏手持棍棒，令汪辉祖跪下，接受处罚，王氏则在一边流着眼泪加以教诲。到最后，往往是母子三人丢掉棍棒，流泪不止。家中没有食物时，王氏和徐氏都声称身体有病，吃不下饭，省下饭食来给汪辉祖跪吃。

汪辉祖就是在王氏和徐氏这样的教育和爱护下成长的。长大以后，汪辉祖去当县里的幕僚，主刑名之事。这时候，王氏谆谆告诫儿子道："你父亲当年说过，人生最悲惨最可怜的，莫过于被关进牢狱中。所以他当年每惩处一个人，就会好几天心中不快，说：'他难道不怨恨被刑罚处置吗？'你出去当刑名师爷，应当懂得你父亲的宽厚之心。"每当汪辉祖办完公事回家，王氏和徐氏必然要问儿子有没有定人死罪，有没有破人之家。如果汪辉祖回答没有，她们就十分喜悦；如果汪辉祖婉转告诉母亲确有人被处死，因而导致家破人亡，虽然是根据法律不能免的，王氏和徐氏仍然觉得难过，总是相对泪流不止。王氏尤其不喜欢说别人的过错，有时汪辉祖说起别人的过错，王氏便说："只要你不犯这样的过错，就行了，这个人的过错跟你有什么相干？"不让儿子再提别人的过失。

乾隆二十一年（1756年），汪辉祖考中进士，任湖南宁远县知县。他为官廉洁平和，又十分熟悉史籍，断案常被夸赞。另外，他十分关心民生疾苦，凡事都为老百姓着想，最终成为一个有名的良吏。

汪辉祖之所以能取得这些成就，是与他谨遵父母亲的教导分不开的。在为官的生涯中，汪辉祖始终坚持做自己该做的事情，并努力将其做好，不该做的事情坚决不做，如谨遵母亲的教诲，不提别人的过失等。

可以说，颜氏是家庭教育的楷模。他的很多教育主张在今天看来都不过时，有的即使不适用于今天的情况了，也还有可以借鉴的内容。在文中，他还提出了学贵专精，技忌多杂的观点。这跟我们今天讨论的全才与专才的问题还是有相通之处的。因此，在今天的学习中仍然具有一定的参考价值。

颜氏说君子应该坚持真理，尊崇道德，蓄积声誉，等待时机，要是一辈子都得不到一官半职，那也只能听天由命。不要去钻营，否则，即使是靠这种方式得到了一官半职，那也跟偷盗没什么两样。可见颜氏是在劝导子孙对富贵显达、高官厚禄要看得轻些。虽然他苦口婆心地事事告诫子孙要远耻避祸，但并不是要他们见义不为，当仁远让。问题是必须坚持"为善则预，为恶则去"，即别人做好事可以参与，别人做坏事则必须远离。他要求子孙无论对人还是对事，都要以仁义为尺度，分清善恶、是非，掌握分寸，做到"肠不可冷，腹不可热"。在当时的社会背景下，能够做到这些，足可见颜氏处世哲学的闪光之处了，至今对世人仍然具有教育意义。

止足第十三

【原文】

《礼》云："欲不可纵，志不可满。"宇宙可臻其极，情性不知其穷，唯在少欲知足，为立涯限尔。先祖靖侯戒子侄曰："汝家书生门户，世无富贵；自今仕宦不可过二千石，婚姻勿贪势家。"吾终身服膺，以为名言也。

【译文】

《礼记》上说："不可以放纵欲望，不可以志得意满。"宇宙那么大还有边缘呢，但是人的情性则没有尽头，只有使自己减少欲望，知道满足，并加以限制。先祖靖侯告诫子侄说："你家是书生门户，世世代代都没有大富大贵过，今后做官不可超过二千石，子女婚配不能贪图权势显赫之家。"我衷心信服并将其牢记在心，认为这是至理名言。

【原文】

天地鬼神之道，皆恶满盈。谦虚冲损，可以免害。人生衣趣以覆寒露，食趣以塞饥乏耳。形骸之内，尚不得奢靡，己身之外，而欲穷骄泰邪？周穆王、秦始皇、汉武帝，富有四海，贵为天子，不知纪极，犹自败累，况士庶乎？常以为二十口家，奴婢盛多，不可出二十人，良田十顷，堂室才蔽风雨，车马仅代杖策，蓄财数万，以拟吉凶急速，不啻此者，以义散之；不至此者，勿非道求之。

【译文】

天地鬼神之道，都厌恶骄傲自满。谦虚淡泊，可以免害。人生穿衣服只是为了御寒，吃东西只是为了填饱肚子以免饥饿乏力而已。身体本身尚且不求奢侈浪费，自身之外，难道还要无穷尽地追求高贵的地位和奢侈的生活吗？周穆王、秦始皇、汉武帝富有四海，贵为天子，但是他们不懂得适可而止，所以最终给自己带来败累的生活，更何况普通百姓呢？我常常认为二十口之家，其奴婢最多不可超出二十人，良田不要超过十顷，堂室只求遮挡风雨，车马足够驾驶以代替步行，再积蓄几万钱财来应对不时之需，就可以了。超过这个标准的，就拿出来行善救济别人；还没有达到这个标准的，也千万不要用不正当的办法去寻求。

【原文】

仕宦称泰，不过处在中品，前望五十人，后顾五十人，足以免耻辱，无倾危也。高此者，便当罢谢，偃仰私庭。吾近为黄门郎，已可收退；当时羁旅，惧罹谤讟，思为此计，仅未暇尔。自丧乱已来，见因托风云，徼幸富贵，且执机权，夜填坑谷，朔欢卓、郑，晦泣颜、原者，非十人五人也。慎之哉！慎之哉！

【译文】

做官不能太过分，最妥当的是处在中品，前面可见五十个人，后面可以望见五十个人，这样足以避免耻辱，同时也不会有什么风险。高于中品这个等级的，应该谢绝，回家享清闲。我最近任黄门郎，本来应该引退的，但是无奈客居他乡，害怕遭到诽谤和非议；心里想着告退，但是却没有机会付诸行动。自天下大乱至今，我看见乘机得势、侥幸获取显贵的人，早上还大权在握，晚上却填尸山谷了；月初像卓氏、郑氏那样快活的富豪，到了月底却成了像颜回、原思那样寒苦的贫士了，这样的人不止五个、十个啊！要谨慎啊，千万要谨慎啊！

【评析】

《礼记》说："欲不可纵，志不可满。"宇宙之大，尚有边际，但是人的欲望是无穷尽的。因此，只有在使自己减少欲望、知道满足的基础上加以限制。颜氏一开篇就阐述了自己对人的本能欲望的认识和对祖先的"知足"观念的推崇。知止知足，是中国传统思想修养和处世哲学的重要内容，也是颜家的一种传统家风。颜氏"止足"思想的形成有多方面的因素，既有对宇宙间自然法则的遵循，也有历经祸患后的人生体验；既有对儒家中庸之道的坚信不疑，也有道家学说的影响。比如，"止足"二字，就是取自老子的"知足不辱，知止不殆，可以长久"之说，而其直接原因则是对颜家传统家风的继承。颜氏在这里说的"知足"二字指的是"知足免害"。他告诫子孙，无论是从自然法则，还是从人的实际生存的需要，还是从历史人物的教训来说，无限度地追求物质享受都是非常有害的。

中国人向来推崇"俭以养德"。曾国藩就曾对"俭"做了这样的解释："凡多欲者不能俭，好动者不能俭。多欲如好衣、好食、好声色、好书画古玩之类，皆可浪费破家。"人的欲望是没有穷尽的，一旦染指，便不能自拔。所以无论做什么事情都应该适可而止，不要任由自己的欲望发展下去。

古人意识到欲望给人带来的危害，所以有见识的人都很注重规范自己的德行，并教育子孙后代节制欲望，知足止足。

陆游不仅自己品行高洁，他也教育儿子不要贪求。他七十三岁时，生活仍然十分贫寒，甚至不得不卖掉家中的酒杯以度日。但是，当儿子子龙去吉州任司理时，他仍作诗谆谆告诫儿子谨记廉洁为官。诗中写道："我老汝远行，知汝非得已。驾言当送汝，挥涕不能止。人谁乐离别，坐贫治愚此（坐：因为）……汝为吉州吏，但饮吉州水。一钱亦分明，谁能肆谗毁……"他要求儿子除了饮吉州之水以外，即使一文钱也要清清楚楚，不能贪得，这是何等清廉的品德

啊！在他的家训中，他还告诫儿子："世之贪夫，溪壑无餍……至若常人之情，见他人服玩，不能不动，亦是一病。大抵人情慕其所无，厌其所有。但念此物若我有之，竟亦何用？使人歆美，于我何补？如是思之，贪求自息。"说到底，陆游就是为了告诫儿子们要做到清廉自守，毫不贪求。

陆游对子女的教育始终都离不开节俭，因为注意节俭，就会少有过失，而如果讲究奢侈，则必然会有无休止的欲望。欲望又会让人不走正路，从而导致灾祸甚至家破人亡。所谓"成由俭，败由奢"说的就是这个道理。

老子说："为无为，事无事，味无味。"也就是用无所作为的心理去干一番作为，用无所事事的心态去做事，用无所滋味的心态去品尝天下滋味。不然的话，任何事情只要有了开始，就有了愿望，就不会有终止。比如，有的人自认为非常淡泊名利，这就说明他还没淡泊。因为到了真正淡泊的时候，是连这"淡泊"二字也感觉不到的。所以这些人的淡泊是相对于别人说的。因此不以清静为清静，不以无为为无为，不以无事为无事，不以无味为无味。

老子在《道德经》里说："知足不辱，知止不殆，可以长久。"意思是说知道满足就不会受到侮辱，知道适可而止就不会有危险，这样才能长久。因为过度贪婪必然会招致大的损耗，过多地收藏必然会招致大的损失。他还指出："罪莫大于可欲，祸莫大于不知足，咎莫大于欲得。故知足之足，常足。"意思是说，没有比放纵欲望更大的罪恶了，没有比贪心更惨痛的不幸了，所以懂得满足的满足，才会得到永远的满足。

当今社会，越来越多的人被强烈的物质欲望所左右，在对物质和名利的追求中身败名裂的例子不是没有。贪心和不知足只会给我们带来不幸和灾难，不会给我们带来一丝一毫的好处。相反，如果知道满足，最终会得到幸福！我们常说"知足常乐"，知足能够避祸，当然就会给我们带来长久的快乐了。

　　一个人的道德修养很重要，尤其是有了一定物质基础的人，若不注意培养自己高尚的情操，没有一个正确的人生观，则他的各种欲望就会恶性膨胀，这样不仅会毁掉他的财富，也会使他的精神处于崩溃状态，进而自毁其生。世界虽然可以满足我们的需求，但是却无法满足我们的贪欲。因此，我们应该向古人学习那种"淡泊以明志，宁静以致远"的精神。

诫兵第十四

　　颜氏之先，本乎邹、鲁，或分入齐，世以儒雅为业，遍在书记。仲尼门徒，升堂者七十有二，颜氏居八人焉。秦、汉、魏、晋，下逮齐、梁，未有用兵以取达者。春秋世，颜高、颜鸣、颜息、颜羽之徒，皆一斗夫耳。齐有颜涿聚，赵有颜冣，汉末有颜良，宋有颜延之，并处将军之任，竟以颠覆。汉郎颜驷，自称好武，更无事迹。颜忠以党楚王受诛，颜俊以据武威见杀，得姓已来，无清操者，唯此二人，皆罹祸败。

　　颜氏的祖先，本来在邹国、鲁国，有一分支迁到齐国，世代从事儒雅的事业，都在古书上面记载着。孔子的学生，学问精深的有七十二人，姓颜的就占了八个。秦汉、魏晋，直到齐梁，颜氏家族中没有人靠带兵打仗来取得显贵的。春秋时期，颜高、颜鸣、颜息、颜羽之流，都只不过是一介武夫而已。齐国有颜涿聚，赵国有颜冣，东汉末年有颜良，东晋末年有颜延之，他们都担任过将军的职务，最终命运都很悲惨。西汉的侍郎颜驷，自称喜好武功，却没有见他干出什么功绩。颜忠因党附楚王而被杀，颜俊因谋反割据而被诛，颜氏家族中至今为止，节操不清白的也只有这两个人，他们都没有什么好下场。

顷世乱离，衣冠之士，虽无身手，或聚徒众，违弃素业，微幸战功。吾既羸薄，仰惟前代，故实心于此，子孙志之。孔子力翘门关，不以力闻，此圣证也。吾见今世士大夫，才有气干，便倚赖之，不能被甲执兵，以卫社稷；但微行险服，逞弄拳腕，大则陷危亡，小则贻耻辱，遂无免者。

【译文】

近代遭逢战乱，一些士大夫和贵族子弟，虽然没有勇力习武，却聚集众人，放弃平日清高儒雅的事业，想侥幸猎取战功。我身体瘦弱单薄，又想起过去姓颜的人好兵致祸的教训，所以就无心去求取战功，仍旧将心思放在读书上，子孙们对此要牢记在心里。孔子力大能推开沉重的国门，却不肯以此闻名于世，这是圣人给我们做的榜样。我看到今世的士大夫，稍微强壮一点，就将此作为资本，但又不是用它来披铠甲执兵器以保卫国家，而是身着武士之服，行踪神秘，卖弄拳勇，结果重则陷入危亡，轻则留下耻辱，竟没有谁能逃得过这样的下场。

【原文】

国之兴亡，兵之胜败，博学所至，幸讨论之。入帷幄之中，参庙堂之上，不能为主尽规以谋社稷，君子所耻也。然而每见文士，颇读兵书，微有经略。若居承平之世，睥睨宫阃，幸灾乐祸，首为逆乱，诖误善良；如在兵革之时，构扇反覆，纵横说诱，不识存亡，强相扶戴：此皆陷身灭族之本也。诫之哉！诫之哉！

【译文】

国家的兴亡、战争的胜败等问题，当你们的学问达到渊博的时候，就可以去细心加以研究了。在军队中运筹帷幄，在朝廷中参与议政，如果不尽力为君主出谋献策，商议国家大事，这是君子的耻辱。然而我常常看到这样一些文人，读了几本兵书，略微懂得一些谋略，生活在太平盛世，他们就窥视宫廷，稍微有一点事就幸灾乐祸，首先起来作乱，贻害贤良；生活在兵荒马乱的时代，就勾结煽动众人反叛，无所顾忌，四处游说，拉拢诱骗，不懂得存亡的形势，拼命相互扶植拥戴。这些都是招致杀身灭族的祸根。要引以为戒啊！要引以为戒啊！

【原文】

习五兵，便乘骑，正可称武夫尔。今世士大夫，但不读书，即称武夫儿，乃饭囊酒瓮也。

【译文】

熟练五种兵器并擅长骑马，方可称得上武夫。但是当今的士大夫，只是不肯去读书而已，却自称武夫，事实上不过是酒囊饭袋而已。

【评析】

颜氏并没有"万般皆下品，唯有读书高"的思想，也没有想让子孙从书中求得"颜如玉"或者"黄金屋"，他有的只是对儒业的满腔热情。他所说的"诫兵"，其实就是反对子孙弃文尚武，投笔从戎。颜氏告诉子孙历史上姓颜的多以儒雅知名，而喜武的则毫无成就，甚至没有好结局。颜氏将"用兵"看作"儒业"的对立物，他主张"诫兵"也只是表明他对"儒业"的热衷。他不想让子孙因"用兵"而放弃"儒业"，而是希望子孙能够继承颜姓家族不热衷"用兵"而崇尚"儒业"的传统。

古人对儒业向来都是很推崇的。李颙，清朝著名的思想家、理学名士，在关中一带极为有名，和当时的黄宗羲、孙奇逢并称清初的三大儒。李颙成名后，曾应邀到江南的无锡、江阴、靖江、宜兴等地讲学，所到之处，求学者云集。他返回陕西后，常州的延陵书院画了他的肖像，以寄托对他的思念。

晚年，他居住在陕西富平，闭门谢客，一心钻研学问，除了当时的著名思想家顾炎武来访，他破例与之交往、热情款待外，其余客人一概不见。他不肯应清廷征召而出来做官，多次婉拒。

康熙四十二年（1703年），康熙皇帝西巡，召见李颙，想要他出来做官。李颙不肯应召，派他的儿子李慎言到康熙帝的行宫，陈明不应召的情由，并将自己的《四书反省录》等著作送给康熙皇帝。康熙皇帝也被其行为感动，御书"操志高洁"四字褒奖他。

李颙的父亲早逝，家中十分贫穷。他从一个穷苦人家的孩子变成一个著名的学者，与早年母亲对他的教育是分不开的。

李颙年幼时，他的父亲李可从在明朝任官。当时适逢张献忠起义，李可从奉命跟从巡抚汪乔年去讨伐。临走之前，他将自己的一颗牙齿拔下交给他的妻子，对她说："如果战败了，我将死于沙场上，你要好好教育我们的儿子！"后来果然战败，李可从也死在了战场上，遗骨都没有能运回家。妻子彭氏将丈夫的牙齿埋掉，将坟墓称作"齿冢"。彭氏悲愤之余，暗下决心，不辜负丈夫的遗愿，让儿子努力攻读，把他培养成才。

李颙家中十分贫困，彭氏为了抚养儿子，可谓历尽了艰辛。一个穷苦的寡妇，仅仅凭着把孩子培养成才的信念，咬紧牙关苦苦支撑着。旁人见他们母子俩无依无靠，生活没有着落，便纷纷劝彭氏道："与其这样贫困，不如让你的儿子干活来养活家吧。"还有的人更加热心，要介绍李颙到县衙里去当差，以解决这孤儿寡母的生计。可是对于乡邻们的好心，彭氏都一一谢绝了，她坚持要儿子跟从老师读书。但是由于家里太穷交不起学费，所以没有一个老师愿意收李颙这个学生。

彭氏对儿子说："有经书在，何必一定要找老师呢！"于是，她就亲自教儿子读书，每天将忠孝节义之类的事情讲给儿子听，督促儿子好学上进，向历史上的著名人物看齐。

他们母子俩相依为命，生活极其艰辛，有时候一连几天都没有吃东西，但是他们却照样处之坦然。在母亲的教育下，李颙不仅安于贫困，而且养成了高尚的节操。他超凡脱俗，以昌明理学为己任。人家送东西给他，尽管家中很贫困，他也不肯接受。有时送过来、送回去，往返十来次，最终还是不肯接受。有人劝他说："互相交往赠送礼物，即使是孟子这样的圣人，有时也不拒绝。"李颙回答道："像我们这样的人，凡事都不如孟子；即使这一件事不遵照孟子的家法去做，也绝对没有什么害处。"

正是因为有母亲彭氏的悉心教育以及李颙本人的择善固执，自觉地砥砺情操，才成就了一个伟大的思想家和儒学大家。

颜氏在文中提到一些人想侥幸获得战功，所以放弃自己平日的事业。他们身体稍微强壮一点就觉得自己有尚武的资本，但是用此资本来保卫国家的人却微乎其微。他们就是卖弄拳脚，结果有的丧命，有的受辱，没有人能躲得了可耻的下场。

这些人放弃儒雅事业的教训是惨痛的，所以颜氏坚持自己并要求子孙一定要把心思放在儒雅的事业上，千万不要"违弃素业，侥幸战功"。

颜氏主张"诫兵"，但是他此主张是为了子孙不要热衷于"用兵"，而要崇尚"儒业"。因此，他并不反对子孙研究战争胜败这一类的问题。甚至可以说，他是持支持态度的。他说："国之兴亡，兵之胜败，博学所至，幸讨论之。"之所以可以这样做，是因为一旦得到重用，

就得具备这些方面的知识，不然的话，就无法做到尽职尽责了，那将是君子的耻辱。但他同时又告诫子孙，千万不能掌握了一点军事知识就仿效那些居心叵测的文士，自恃略知兵书，就参与兴兵作乱而招致杀身灭族之祸。颜氏考虑问题实在是周密到位，不得不让人赞叹。

在需要个性化人才，或者说是特殊化人才的今天，孩子要学什么，从事什么，家长可以根据孩子的兴趣爱好，给予适当的建议指导，进行适时地督促。

养生第十五

【原文】

神仙之事，未可全诬；但性命在天，或难钟值。人生居世，触途牵絷：幼少之日，既有供养之勤；成立之年，便增妻孥之累。衣食资须，公私驱役，而望遁迹山林，超然尘滓，千万不遇一尔。加以金玉之费，炉器所须，益非贫士所办。学如牛毛，成如麟角。华山之下，白骨如莽，何有可遂之理？

【译文】

得道成仙的事情，不能一概否定；只是命由天定，很难说会碰上好运还是遭遇厄运。人生在世，到处都有牵挂羁绊：少年时候，要供养侍奉父母；成年以后，又要养妻子儿女。既要解决吃饭穿衣的问题，还要为公事、私事操劳奔波，这样，希望隐居山林、超脱尘世的人，大概千万人中也遇不到一个。加上得道成仙所需的仙丹，要耗资黄金宝玉，再加上炉鼎器具，更不是普通贫士所能办到的。学道的人有牛毛那么多，其中成功的人却像麟角那么少。华山之下，白骨多如草莽，哪里有顺心如愿的道理？

【原文】

考之内教，纵使得仙，终当有死，不能出世，不愿汝曹专精于此。若其爱养神明，调护气息，慎节起卧，均适寒暄，禁忌食饮，将饵药物，遂其所禀，不为夭折者，吾无间然。诸药饵法，不废世务也。庾肩吾常服槐实，年七十余，目看细字，须发犹黑。邺中朝士，有单服杏仁、枸杞、黄精、术、车前得益者甚多，不能一一说尔。

【译文】

再认真考察佛教的原理，即使能成仙，最后还是难免一死，无法摆脱人世间的羁绊，我不希望你们专心致力于此事。如果是爱惜保养精神，调理护养气息，起居有规律，穿衣冷暖适当，饮食有节制，吃些补药滋养，顺着本来的天赋，保住元气，而不至于中途夭折，这样，我也就没有什么可批评的了。服用补药要得法，不要因此耽误了世间事务。庾肩吾常服用槐树的果实，七十多岁的时候，眼睛还能看清小字，胡须和头发也还很黑。邺城的朝廷官员中有的人专门服用杏仁、枸杞、黄精、白术、车前，从中得到很多好处，不能一一道来。

【原文】

吾尝患齿，摇动欲落，饮食热冷，皆苦疼痛。见《抱朴子》牢齿之法，早朝叩齿三百下为良；行之数日，即便平愈，今恒持之。此辈小术，无损于事，亦可修也。凡欲饵药，陶隐居《太清方》中总录甚备，但须精审，不可轻脱。近有王爱州在邺学服松脂，不得节度，肠塞而死，为药所误者甚多。

　　我曾患牙痛，牙齿松动快掉了，吃冷热的东西，都疼痛难忍。看了《抱朴子》里固齿的方法，早上起来叩碰牙齿三百次为佳，我按照此方法坚持了几天，牙就好了，至今我还坚持这么做。像这样的小技巧，不妨碍也不损害别的事情，也可以学学。若要服用补药，陶弘景的《太清方》中收录的药方很完备，但是必须精心挑选，不能轻率。最近有个叫王爱州的人，在邺城效仿别人服用松脂，由于没有节制，以致肠子堵塞而亡，像这种被药物所害的例子是很多的。

【原文】

　　夫养生者先须虑祸，全身保性，有此生然后养之，勿徒养其无生也。单豹养于内而丧外，张毅养于外而丧内，前贤所戒也。嵇康著《养生》之论，而以傲物受刑；石崇冀服饵之征，而以贪滋取祸，往世之所迷也。

【译文】

　　养生的人首先应该考虑避免灾祸，先要保住身家性命。有了生命，然后才谈得上保养，不要白费心思地去保养不存在的所谓长生不老的生命。单豹这人很重视养生，但却不注意防备外界的饿虎，结果丧失了生命；张毅这个人很善于防备外来的侵害，但死于体内热病。这些都是前人留下的教训。嵇康写了《养生论》，但是由于傲慢无礼而被杀头；石崇希望服药延年益寿，却因贪得无厌招致杀身之祸，这都是前代人糊涂。

夫生不可不惜，不可苟惜。涉险畏之途，干祸难之事，贪欲以伤生，谗慝而致死，此君子之所惜哉。行诚孝而见贼，履仁义而得罪，丧身以全家，泯躯而济国，君子不咎也。自乱离已来，吾见名臣贤士，临难求生，终为不救，徒取窘辱，令人愤懑。

【译文】

生命不能不珍惜，但也不能苟且偷生。不要走上邪恶危险的道路，卷入招致祸难的事情，因追求欲望的满足而害及身体，因进谗言、藏恶念而遭亡命，君子应该珍惜生命。恪守忠孝而被害，实行仁义而获罪；为了保全家而丧身，为了救国而捐躯，这些都是君子对生命在所不惜的表现。自从梁朝乱离以来，我看到一些有名望的官吏和贤能的文士，在面对危难的时候，苟且求生，最终不但无法求生，还白白地招致窘迫和侮辱，真叫人愤懑。

【原文】

侯景之乱，王公将相，多被戮辱，妃主姬妾，略无全者。唯吴郡太守张嵊，建义不捷，为贼所害，辞色不挠；及鄱阳王世子谢夫人，登屋诟怒，见射而毙。夫人，谢遵女也。何贤智操行若此之难？婢妾引决若此之易？悲夫！

【译文】

侯景叛乱的时候，大多数王公将相遭到了杀害污辱，妃嫔、公主、姬妾幸存的也是寥寥无几。只有吴郡太守张嵊，组织义军讨伐侯景，失败后被反贼所杀时，声色俱厉，不屈不挠。还有鄱阳王嫡长子萧嗣的夫人谢氏，登上房顶怒骂叛贼，也被箭射中身亡。谢夫人是谢遵的女儿。是什么原因致使那些贤良明智之士坚守操行变得如此困难呢？而侍婢、小妾做到舍生取义却如此容易？真是悲哀至极啊！

【评析】

生命诚可贵！一个人只能来这个世上一次，我们没有理由不珍惜自己的生命。中国古代就有重视养生的传统。所谓"养生"，就是保养生命，以延年益寿。颜氏一上来就道出了他的养生观，他觉得人最终难免一死，但是只要在世上一天，就应该爱惜先人留下的躯体。他反对子孙去搞什么"修道成仙"，而主张实行有益可行的养生之道，即爱惜保养精神，调节护养气息，起居有规律，饮食有节制，穿衣冷暖适当，再适当吃些滋补药物，从而保住元气，不至夭折，达到养生的目的。这样的养生观无疑是比较合理的，也是比较科学的。

颜氏认为养生的人，首先必须要做到的是注意避免祸患，保全身家性命；有了这个生命，才能谈得上保养。不要白费心思地去保养不存在的所谓长生不老的生命。颜氏的养生哲学是非常现实、非常明智的，他主张"先保命，后养生"。在这一点上，"竹林七贤"之一的嵇康跟颜氏有着相似的观点。他教育自己的孩子一定要善于避祸。嵇康之所以这样教育子孙是因为自己的亲身经历，让他体会到保全性命的重要性。

嵇康在晋初的时候，很受统治者的器重。但是他不满封建礼教、不满魏晋统治，提出了"越名教而任自然"的主张。加上他"刚肠疾恶，轻肆直言，遇事便发"的性格，最后招来杀头之祸。他在临刑前写了《家训》一文，教育子孙如何在污浊险恶的环境中，既保持节操又远离祸患、保全性命，教育儿子既要坚持自己的志向，同时又要圆融地处理人际关系，要善于避祸。

生命不能不珍惜，但也不能太珍惜。对生命的态度要根据事情的性质而定。颜氏说，走上邪恶危险的道路，去做容易招致灾祸的事情；因追求欲望的满足而丧身，因进谗言藏坏心而致死，这样的事情君子就不应该去做，而应该珍惜生命。但是因恪守忠孝而被害，因实行仁义而获罪，为了保家而丧身，为了救国而捐躯，这些都应是君子在所不惜的。

古人对养生的见解可谓独到。他们觉得养生不能单纯靠医药，如果非要靠医药的话，那么药方便是：把清心寡欲当作四物，把饮食清淡当作二陈，把心静、清净、减略、杂事当作四君子，这些都是无价的仙丹，然而却唾手可得，因为这都是取自自身的东西。人不能自寻烦恼，佛家认为世事变幻无常，是一个由烦恼与劳苦交织的火窟，假如不及时跳出就得不到安乐，不安乐就会影响身心的健康。所以，人不能总是在现实的尘世中忙忙碌碌，而应该逃脱功名利禄的缠绕，以使精神自由自在，使身心轻松。

有句话说得好："身体是革命的本钱。"人们要想使自己拥有一个健康的体魄，就应该在日常生活中注意养生之道，防患于未然。只有这样，才会有充沛的精力去应对现代社会快节奏的生活与工作。

归心第十六

【原文】

三世之事，信而有征，家世归心，勿轻慢也。其间妙旨，具诸经论，不复于此，少能赞述；但惧汝曹犹未牢固，略重劝诱尔。

【译文】

佛教中所说的过去、现在、未来"三世"的事，是可信的，是有应验的，我们家世代皈依佛教，你们也不能轻慢了。佛教中精妙的意旨，都记载在佛教典籍中，在这里，我就不多作赞美转述了；只是怕你们对佛教的意旨信念不够坚定，我才稍作劝说诱导罢了。

【原文】

原夫四尘五荫，剖析形有；六舟三驾，运载群生，万行归空，千门入善，辩才智惠，岂徒《七经》、百氏之博哉？明非尧、舜、周、孔所及也。内外两教，本为一体，渐积为异，深浅不同。内典初门，设五种禁；外典仁义礼智信，皆与之符。

推究"四尘"和"五蕴"中的道理，剖析世间万物的奥妙；运用"三承""六舟"的方法修订，超度众生；佛教中的种种修行，让众生皈依于空，佛教中的种种法门，劝人向善，这其中包含的辩才和智慧，岂止儒家七经和诸子百家所具有的广博学问？佛教的最高境界，不是尧、舜、周公、孔子之道所能达到的。佛教和儒学本来就是一体的，只是后来逐渐演变才有了差别，所以二者在境界的深浅上也有了些差异。佛典的初学门路，设有五种禁戒；儒家经典中所强调的仁、义、礼、智、信五种德行，皆与"五禁"相吻合。

【原文】

仁者，不杀之禁也；义者，不盗之禁也；礼者，不邪之禁也；智者，不酒之禁也；信者，不妄之禁也。至如畋狩军旅，宴享刑罚，因民之性，不可卒除，就为之节，使不淫滥尔。归周、孔而背释宗，何其迷也！

【译文】

仁，就是不杀生的禁戒；义，就是不偷盗的禁戒；礼，就是不邪恶的禁戒；智，就是不酗酒的禁戒；信，就是不虚妄、不欺骗的禁戒。至于打猎、作战、宴饮、刑罚等行为，则是顺随人类的本性，因此不能立即废除，能做的只是就此加以节制，不至于泛滥成灾也就可以了。既然都尊崇周公、孔子之道，为何却要违背佛教的教义呢？多么糊涂啊！

【原文】

俗之谤者，大抵有五：其一，以世界外事及神化无方为迂诞也；其二，以吉凶祸福或未报应为欺诳也；其三，以僧尼行业多不精纯为奸匿也；其四，以糜费金宝减耗课役为损国也；其五，以纵有因缘如报善恶，安能辛苦今日之甲，利益后世之乙乎？为异人也。今并释之于下云。

【译文】

世俗在指责佛教方面，大概有以下五种：第一，认为佛教所讲述的是超出现实世界的以及怪诞神秘无法掌握的事情；第二，认为人世的吉凶祸福不见得都会有相应的报应，佛教所强调的因果报应是用来骗人的；第三，和尚、尼姑这一类人品行大多不端正，寺庵是藏污纳垢的地方；第四，僧尼不交租，也不服役，损耗国家的黄金财物从而损害了国家的利益；第五，就算真的有这种因缘关系，又怎么能使今天辛勤劳作的甲去为来世的乙预谋利益呢？因为他们已经不是同一个人了啊。今天，我将针对以上的种种指责一并解释如下。

【原文】

释一曰：夫遥大之物，宁可度量？今人所知，莫若天地。天为积气，地为积块，日为阳精，月为阴精，星为万物之精，儒家所安也。星有坠落，乃为石矣；精若是石，不得有光，性又质重，何所系属？一星之径，大者百里，一宿首尾，相去数万；百里之物，数万相连，阔狭从斜，常不盈缩。又星与日月，形色同尔，但以大小为其等差；然而日月又当石也？石既牢密，乌兔焉容？

【译文】

对第一种指责的解释是：那些远大的东西，难道真的能测量吗？人们最熟悉的应该是天地了。天是云气聚结而成的，地是实块积结而成的，太阳是阳气的精华，月亮是阴气的精华，星辰是宇宙的精华，这种观点是儒家所信奉的。有时候，星辰坠落在大地上，就成了石头；倘若精华是石头，那么就不会有光芒，它那么沉重，是怎么悬挂于天上的呢？一颗星大概长一百里，而星宿从头到尾，又相隔几万里；像这样百里长的物体，又相隔万里连成一片，并且它们之间的宽窄纵横排列都有一定的规律，还有盈缩的变化。再者，星星与日月的形体和色泽都极其相似，只不过它们的大小有所差异而已。那么，日月是不是也是石头呢？石头这种物体牢固细密，那么太阳中的三足乌、月亮中的玉兔又是怎样存身的呢？

【原文】

石在气中，焉能独运？日月星辰，若皆是气，气体轻浮，当与天合，往来环转，不得错违，其间迟疾，理宜一等；何故日月五星二十八宿，各有度数，移动不均？宁当气坠，忽变为石？地既滓浊，法应沉厚，凿土得泉，乃浮水上；积水之下，复有何物？江河百谷，从何处生？东流到海，何为不溢？归塘尾闾，谍何所到？沃焦之石，何气所然？潮汐去还，谁所节度？

　　石头漂浮在气体中，又怎么能运转呢？如果日月星辰全是气体的话，那么按说气体轻飘，应与天合而为一，来回环绕运转才对，它们是不可能互相交错的啊。它们的速度应该一致，但是为什么日月星辰、二十八星宿都有各自的速度和位置，且移动的快慢不均匀呢？难道说是气体坠地后忽然就变成了石头吗？大地既然是实块积聚而成的，应该沉重才对，可是竟能从地下挖到泉水，这就说明地是浮在水上的呀；那么积水下面还会有别的什么呢？长江、黄河以及其他许多的川溪，它们的水流都是从哪里来的呢？它们东流到海，海水怎么就不会溢出地面呢？海水经过归塘、尾闾，那么这些水又流到哪里去了呢？要说海水被沃焦山的石头烧掉了，那么什么样的气体会让石头燃着呢？潮汐有涨有落，这又是谁控制的呢？

【原文】

　　天汉悬指，那不散落？水性就下，何故上腾？天地初开，便有星宿；九州未划，列国未分，翦疆区野，若为躔次？封建已来，谁所制割？国有增减，星无进退，灾祥祸福，就中不差；乾象之大，列星之伙，何为分野，止系中国？昴为旄头，匈奴之次；西胡、东越、雕题、交阯，独弃之乎？以此而求，迄无了者，岂得以人事寻常，抑必宇宙外也？

【译文】

　　天河在空中挂着，为什么散落不下来呢？水本来是从高处向低处流的，怎么反而又升到天上了呢？天地初开时，就有了星宿；那时候九州的地域还没有划分，诸侯列国也还没有分封，那么这些疆界是怎么根据星辰运行的位置来确定的呢？诸侯在其分封的区域内建国以来，主宰这些事的又是谁呢？诸侯国有增有减，但是星辰的位置却没有任何变化，并且其中的吉凶祸福依然发生，丝毫没有偏差；天象之大，星辰众多，为什么用星宿来划分的地上州郡却只限在中原地区呢？被称作旄头的昴星是与匈奴相对应的，而西胡、东越、雕题、交阯这些地域，竟白白地被抛弃了，难道就没有与它们相对应的分星吗？像这样的问题，如果要去追究，则永远都不会有穷尽，又怎么可以用常人常事的道理去判断那些茫茫宇宙之外的无穷事理呢？

【原文】

凡人之信，唯耳与目；耳目之外，咸致疑焉。儒家说天，自有数义：或浑或盖，乍宣乍安。斗极所周，管维所属，若所亲见，不容不同；若所测量，宁足依据？何故信凡人之臆说，迷大圣之妙旨，而欲必无恒沙世界、微尘数劫也？而邹衍亦有九州之谈。

【译文】

一般人都会对自己耳闻目睹的事物表示相信；而对其耳闻目睹之外的事物，则都加以怀疑。本来，儒家对天的看法有几种：浑天说、盖天说和宣夜说，也有相信安天论的。除此之外，还认为北斗星围绕北极星转动，是依靠斗枢为转轴的。倘若是他们亲眼所见，就应该不会有这么多看法了。倘若是凭空推测度量的，则到底哪种方法是可靠的呢？我们为什么要相信凡人的猜测而去怀疑圣人释迦牟尼的精妙教义呢？为什么认定绝不会有像印度恒河中的沙子那样多的世界，微小的尘埃也经历过数次的劫波呢？而且，邹衍也曾提出中国之外还有九州。

【原文】

山中人不信有鱼大如木，海上人不信有木大如鱼；汉武不信弦胶，魏文不信火布；胡人见锦，不信有虫食树叶吐丝所成；昔在江南，不信有千人毡帐，及来河北，不信有二万斛船：皆实验也。

【译文】

山里人不信会有像树木那样大的鱼，海上人也不信会有像鱼这么大的树木；汉武帝不相信世上会有可以黏合断裂弓弦刀剑的弦胶，魏文帝也不相信会有耐火的火烷布；胡人看见锦后，怎么都不信这是用吃桑叶的蚕所吐的丝织成的；以前我在江南的时候，我也不相信会有容纳千人的毡帐，但是等我到了黄河以北后，才发现这里的人们还不相信会有容纳二万斛的大船呢。而这些却都是得到事实验证，确实存在的。

【原文】

世有祝师及诸幻术，犹能履火蹈刃，种瓜移井，倏忽之间，十变五化。人力所为，尚能如此，何况神通感应，不可思量，千里宝幢，百由旬座，化成净土，踊出妙塔乎？

【译文】

世上有巫师和熟悉各种幻术的人，他们还能穿行在火焰中，行走在刀刃上，能使种下的瓜果立刻成熟，还能挪开井盖，在一瞬间做到千变万化。人的力量都可以做到这些，更何况神通广大的佛呢，这就更是不敢想象了，数千里高的幢旗，数千里广的莲花宝座，庄严洁净的极乐世界，还有从地上涌出的一座座宝塔，这些难道不是瞬间变化出来的吗？

【原文】

释二曰：夫信谤之征，有如影响；耳闻目见，其事已多，或乃精诚不深，业缘未感，时傥差阑，终当获报耳。善恶之行，祸福所归。九流百氏，皆同此论，岂独释典为虚妄乎？项橐、颜回之短折，伯夷、原宪之冻馁，盗跖、庄蹻之福寿，齐景、桓魋之富强，若引之先业，冀以后生，更为通耳。

【译文】

对第二种指责的解释是：对于你们所诽谤的佛教因果报应之说，我却是相信的。这种因果报应就好像形体与影子、声音与回响。我曾耳闻眼见了很多这样的事。也有没得到应验的，这可能是因为当事者的精诚还不够深厚，所以因缘尚未发生感应；报应的时间虽然有早有晚，但最终的结果还是会得到报应的。一个人行为的善与恶，往往决定了他会招致福与祸。九流百家对这个观点也都认同，为什么只有佛家这样说了才被认为是虚伪的呢？项橐、颜回的短命而亡，伯夷、原宪挨饿受冻，盗跖、庄蹻得福获寿，齐景公、桓魋富足强大，要是将这看成他们的前辈功德或恶业，报应在后人身上，道理就很好说通了。

【原文】

如以行善而偶钟祸报，为恶而傥值福征，便生怨尤，即为欺诡；则亦尧、舜之云虚，周、孔之不实也，又欲安所依信而立身乎？

【译文】

倘若是因为行善事而偶然招致灾祸，做坏事又意外得到福报，而产生怨恨之心，从此便认为因果报应之说是假的；那么这也就是在指责尧、舜的事迹是虚假的，周公、孔子也是不可信的。如此一来，还有什么可以相信的呢？又能靠什么信念来立身处世呢？

【原文】

释三曰：开辟已来，不善人多而善人少，何由悉责其精洁乎？见有名僧高行，弃而不说；若睹凡僧流俗，便生非毁。且学者之不勤，岂教者之为过？俗僧之学经律，何异士人之学《诗》、《礼》？

【译文】

对第三种指责的解释是：自从开天辟地有了人类以来，就是坏人多而好人少，怎么可以要求每一个僧尼都是清白的好人呢？看见名僧高尚的德行，都置之不理；见到了凡庸僧尼伤风败俗，就指责非议谤毁。再说了，接受教育的人不勤勉，这难道是教育者的过错吗？况且凡庸僧尼学习佛经，这跟士人学习《诗经》《礼记》又有什么区别呢？

【原文】

以《诗》、《礼》之教，格朝廷之人，略无全行者；以经律之禁，格出家之辈，而独责无犯哉？且阙行之臣，犹求禄位；毁禁之侣，何惭供养乎？其于戒行，自当有犯。一披法服，已堕僧数，岁中所计，斋讲诵持，比诸白衣，犹不啻山海也。

【译文】

用《诗经》《礼记》中所要求的标准去衡量朝廷中的官员，恐怕也没有几个是合格的吧；用佛经的戒律去衡量出家人，为什么要求他们不能违犯戒律呢？品行不好的官员，尚且能获取高官厚禄；那么犯了禁律的僧尼，享受供养又有什么惭愧的呢？对于所规定的行为规范，人们难免会偶尔违反。出家人一旦披上法衣，一年到头便吃斋念佛，这与世人的修养相比，其德行的高低程度远远胜过了高山与深海的差距。

【原文】

释四曰：内教多途，出家自是其一法耳。若能诚孝在心，仁惠为本，须达、流水，不必剃落须发；岂令罄井田而起塔庙，穷编户以为僧尼也？皆由为政不能节之，遂使非法之寺，妨民稼穑，无业之僧，空国赋算，非大觉之本旨也。抑又论之：求道者，身计也；惜费者，国谋也。

【译文】

对第四种指责的解释是：出家仅是佛教修行的多种方法之一。

倘若能把忠孝牢记在心，将仁爱施惠作为立身之本，那么像须达、流水两位长者那样，也就不用剃度为僧了，更不用将所有的田地用来建寺庙佛塔，让所有的编户都去当僧尼了。由于当权者对佛事没能很好地节制，使得一些不守法纪的寺院，妨碍了民众的农事，德行不好的僧尼，坐享国家的赋税，而这并非佛教的本旨。我还可以这样说，信奉佛教是个人的计划，珍惜费用则是国家的谋划。

【原文】

　　身计国谋，不可两遂。诚臣徇主而弃亲，孝子安家而忘国，各有行也。儒有不屈王侯高尚其事，隐有让王辞相避世山林；安可计其赋役，以为罪人？若能偕化黔首，悉入道场，如妙乐之世，禳佉之国，则有自然稻米，无尽宝藏，安求田蚕之利乎？

【译文】

个人的计划和国家的谋划总是无法达到两全其美的。这就好比忠臣献身于君主而放弃抚养双亲的责任，孝子为了孝敬双亲而忽略了对国家应尽的义务，行为准则有别。儒家中有不屈从于王侯自命清高的，隐士中也有不留恋相位遁世山林的，难道也要计算他们的赋税徭役，并说他们是逃避赋役的罪人吗？倘若能感化百姓都信奉佛教，皈依释迦牟尼，则会像佛经中所说的妙乐、禳佉国那样，会有自然生长的稻米和无尽的宝藏，当然就不用去求取种田养蚕的利益了。

【原文】

释五曰：形体虽死，精神犹存。人生在世，望于后身似不相属；及其殁后，则与前身似犹老少朝夕耳。世有魂神，示现梦想，或降童妾，或感妻孥，求索饮食，征须福佑，亦为不少矣。今人贫贱疾苦，莫不怨尤前世不修功业；以此而论，安可不为之作地乎？

【译文】

对第五种指责的解释是：人的形体虽然死去了，但是精神却依然存在着。人活在这个世界上，远望死后的事，似乎生前与死后没什么关系，但是等到死后，才发现灵魂与前身的关系，就仿佛老人与小孩、早晨与晚上一样密切。世上有死者的灵魂，会出现在活人的梦中，有的托梦给仆童、小妾，有的托梦给妻子、儿女，向他们讨求饮食，乞求福佑而得到应验的事，也是不少了。

如今有的人看到自己一辈子贫贱受苦，都怨恨前世没有修好功德。从这一点来说，活着的时候为什么不为自己来世的灵魂开辟一片安乐之地呢？

【原文】

夫有子孙，自是天地间一苍生耳，何预身事？而乃爱护，遗其基址，况于己之神爽，顿欲弃之哉？凡夫蒙蔽，不见未来，故言彼生与今非一体耳；若有天眼，鉴其念念随灭，生生不断，岂可不怖畏邪？又君子处世，贵能克己复礼，济时益物。治家者欲一家之庆，治国者欲一国之良，仆妾臣民，与身竟何亲也，而为勤苦修德乎？

【译文】

至于人有子孙，他们只不过是天地间芸芸众生中的一个而已，跟我们自身有什么关系呢？就这样还要尽心尽力地去爱护他们，把家业留给他们。那么对于自己的灵魂，我们又怎么可以轻易舍弃不顾呢？愚昧无知的凡夫俗子，对来世是无法预见的，所以他们往往宣称来生和今生不是一体。倘若人有洞察万物的天眼，就可以看到生死轮回了，要是这样的话，他难道不感到惧怕吗？而且君子处世极重要的是要克己复礼，匡时救世，有益于人。治家的人盼望家庭幸福美满，治国的人希望国家繁荣昌盛。仆人、侍妾、臣子、民众，和我自身又有什么关系呢？为什么还要为他们而辛苦操劳呢？

【原文】

亦是尧、舜、周、孔虚失愉乐耳。一人修道，济度几许苍生？免脱几身罪累？幸熟思之！汝曹若观俗计，树立门户，不弃妻子，未能出家；但当兼修戒行，留心诵读，以为来世津梁。人生难得，无虚过也。

【译文】

　　这也和尧、舜、周公、孔子一样，为了别人的幸福而牺牲自己的欢乐罢了。一个人修身求道，可以超度几个苍生，能使几个人开脱罪恶？对于这样的问题，你们一定要好好考虑。如果你们要顾及世俗的生计，建立门户，不能舍弃妻儿，不能出家当和尚，那也要兼及修行，留心于诵读佛经，以此来为来世的幸福架好桥梁。人生是很宝贵的，你们万万不可虚度啊！

【原文】

　　儒家君子，尚离庖厨，见其生不忍其死，闻其声不食其肉。高柴、折像，未知内教，皆能不杀，此乃仁者自然用心。含生之徒，莫不爱命；去杀之事，必勉行之。好杀之人，临死报验，子孙殃祸，其数甚多，不能悉录耳，且示数条于末。

【译文】

　　儒家的君子，尚且能远离厨房，不忍心看到活的动物被杀死，听到动物被宰杀时的惨叫声，就不忍心吃它们的肉。高柴、折像二人并不知道佛教的教义，但是他们都能做到不杀生，这是仁慈之人天然的善心。有生命的东西，没有不爱惜自己生命的；要远离杀生的事，必须尽力做到这一点。喜欢杀生的人，临死会遭到报应，子孙要遭殃，这样的例子很多很多，我不能一一记下来，暂且在本文的末尾举几个例子吧!

【原文】

梁世有人，常以鸡卵白和沐，云使发光，每沐辄二三十枚。临死，发中但闻啾啾数千鸡雏声。

江陵刘氏，以卖鳝羹为业。后生一儿头是鳝，自颈以下，方为人耳。

【译文】

梁朝有个人，经常用鸡蛋清沐浴，说这样能使头发有光泽，每次都会用去二三十个鸡蛋。死前，他听到了头发中传来几千只小鸡的鸣叫声。

江陵有个姓刘的人，靠卖鳝鱼羹为生。后来生了一个孩子，头像鳝鱼，从脖子以下，才是人形。

【原文】

王克为永嘉郡守，有人饷羊，集宾欲宴。而羊绳解，来投一客，先跪两拜，便入衣中。此客竟不言之，固无救请。须臾，宰羊为羹，先行至客。一脔入口，便下皮内，周行遍体，痛楚号叫，方复说之。遂作羊鸣而死。

【译文】

王克做永嘉郡守时，有人给他送了一只羊。他就想开一个宴会来宴请宾客。那只羊就将绳子挣断，冲到一位客人跟前，跪下拜了两拜就钻入客人的衣服里了。谁知那人竟然没有对别人说，也没去为那只羊向王克求情。不久，羊便被宰杀做成了羊羹，先送到那位客人面前。他夹了一块肉，刚送进嘴里，就觉得那肉窜入皮内，周身乱窜，他疼痛得大声呼号。这时他方说出羊向他求情的事来，然后他发出几声羊叫声便死了。

【原文】

梁孝元在江州时，有人为望蔡县令，经刘敬躬乱，县廨被焚，寄寺而住。民将牛酒作礼，县令以牛系刹柱，屏除形象，铺设床坐，于堂上接宾。未杀之顷，牛解，径来至阶而拜，县令大笑，命左右宰之。饮噉醉饱，便卧檐下。稍醒而觉体痒，爬搔隐疹，因尔成癞，十许年死。

【译文】

梁元帝在江州的时候，有个人在望蔡县当县令，正逢刘敬躬叛乱，县里的官署被烧毁了，他暂时住在一所寺庙里。老百姓将一头牛和几缸酒作为礼品送给他，县令把牛拴在幡柱上，搬掉佛像，摆上坐具，在佛堂上接待宾客。马上就要被宰杀的牛挣脱了绳子，径直奔到台阶前向县令跪拜。县令大笑，但依然令旁边的侍从把牛杀了。酒足饭饱后，县令躺在屋檐下睡着了。醒后感觉身体发痒，抓搔后身上起了疙瘩，他因此得了恶疮，十几年后病死了。

【原文】

杨思达为西阳郡守，值侯景乱，时复旱俭，饥民盗田中麦。思达遣一部曲守视，所得盗者，辄截手腕，凡戮十余人。部曲后生一男，自然无手。

齐有一奉朝请，家甚豪侈，非手杀牛，噉之不美。

年三十许，病笃，大见牛来，举体如被刀刺，叫呼而终。

江陵高伟，随吾入齐，凡数年，向幽州淀中捕鱼。后病，每见群鱼啮之而死。

【译文】

杨思达在任西阳郡守的时候，遇上侯景作乱，当时又闹水灾，老百姓饥饿难忍，就去偷官田里的麦子。杨思达就派手下一名部曲去守麦田，偷麦子的人一旦被抓到，就会被砍掉手腕，先后一共有十几个人遭殃。后来他生了一个儿子，孩子一出生就没有手。

齐国有个奉朝请，家里过于奢华，若非亲手宰的牛，吃起来就觉得味道不鲜美。三十多岁的时候，他患重病，看见一大群牛冲向他，他觉得全身如刀割般疼痛，在大声呼叫中死了。

江陵的高伟，是跟我一起来齐国的。几年以来，他常常去幽州的湖泊捕鱼。后来患了重病，常看见一群群的鱼来咬他，因此而死了。

【原文】

世有痴人，不识仁义，不知富贵并由天命。为子娶妇，恨其生资不足，倚作舅姑之尊，蛇虺其性，毒口加诬，不识忌讳，骂辱妇之父母，却成教妇不孝己身，不顾他恨。但怜己之子女，不爱己之儿妇。如此之人，阴纪其过，鬼夺其算。慎不可与为邻，何况交结乎？避之哉！

【译文】

世上有这样一种痴迷之人，不懂得仁义，也不知道富贵由天。给儿子娶媳妇，嫌媳妇的嫁妆太少，于是就仗着自己当公婆的尊贵身份，怀着毒蛇般的心性，恶意辱骂媳妇，什么都不忌讳，甚至谩骂侮辱媳妇的双亲，这反而是教媳妇不孝自己，也不顾她的怨恨会带来祸害。只疼爱自己的子女，不爱护自己的儿媳。像这类人，阴间地府也会将他们的罪过记录下来，鬼神也会减掉他的寿命。万万不可与这种人为邻，更不能与这种人交朋友。还是躲开他们吧！

【评析】

南北朝时期，佛教盛行。颜氏自己归心佛教，对佛教虔诚至极，同时还开导子孙皈依佛教，并且通过分析举例来对佛教的教义进行评析，以坚定子孙对佛教的信仰。在颜氏看来，佛教和儒学是相通的，它们并不对立，只是由于佛教和儒家关于出世和入世的主张，反映出了人生哲学、人生态度的对立性。针对世俗对佛教的五种指责，颜氏一一做了辩解。他的辩解合情合理，很有说服力，从中表现出的智慧和思辨能力很是令人钦佩，其逻辑思维和辩解方法也非常值得借鉴。

每一种事物总会有针对它的不同的声音存在，因为万事万物都有两面性，有优点又必然有弊端。对于佛教来说，古人们已经为我们指出了它的不同的方面，综合起来应该是很全面的了。结合今天的实际情况，扬长避短，就会变得具有积极的现实意义。对于一种信仰，不能盲目信从，也不能全盘否定，而应该吸取精华、剔除糟粕。

卷六

书证第十七

《诗》云："参差荇菜。"《尔雅》云："荇，接余也。"字或为莕。先儒解释皆云：水草，圆叶细茎，随水浅深。今是水悉有之，黄花似莼，江南俗亦呼为猪莼，或呼为荇菜。刘芳具有注释。而河北俗人多不识之，博士皆以参差者是苋菜，呼人苋为人荇，亦可笑之甚。

【译文】

《诗经》中说："参差荇菜。"《尔雅》解释道："荇菜就是接余。""荇"字又写作"莕"。原来的读书人解释时都说这是一种水草，叶圆茎细，随着水的深浅而高低不一。如今凡是有水的地方，都有荇菜，它开黄色的花，像莕菜，江南民间也管它叫"猪莼"，也有管它叫"荇菜"的。刘芳在《毛诗笺音义证》里有这些注释。可是黄河以北的人大多不认识这种菜，甚至博学的人也认为这种长短不齐的荇菜就是苋菜，把"人苋"叫作"人荇"，也实在是够可笑的。

【原文】

《诗》云："谁谓荼苦？"《尔雅》、《毛诗传》并以荼，苦菜也。又《礼》云："苦菜秀。"案：《易统通卦验玄图》曰："苦菜生于寒秋，更冬历春，得夏乃成。"今中原苦菜则如此也。一名游冬，叶似苦苣而细，摘断有白汁，花黄似菊。

【译文】

《诗经》中有："谁谓荼苦？"《尔雅》《毛诗传》都认为荼菜就是苦菜。此外，《礼记》中还说："苦菜开花但不结果。"据考证，《易统通卦验玄图》说："苦菜长于寒秋。经过冬天和春天，直到夏天方能长成。"现在中原的苦菜就是这样的。苦菜又叫游冬，叶子像苦苣但稍细，折断后会有白色的汁液，开的黄花就像菊花一样。

【原文】

江南别有苦菜，叶似酸浆，其花或紫或白，子大如珠，熟时或赤或黑，此菜可以释劳。案：郭璞注《尔雅》，此乃蘵黄蒢也。今河北谓之龙葵。梁世讲《礼》者，以此当苦菜；既无宿根，至春方生耳，亦大误也。又高诱注

《吕氏春秋》曰："荣而不实曰英。"苦菜当言"英"，益知非龙葵也。

【译文】

江南还有一种苦菜，叶子像酸浆草，花有紫色的也有白色的，结的子跟珠子的大小一样；成熟的时候有的是红色有的是黑色，并且具有消除疲劳的功效。郭璞注《尔雅》时认为这就是蘵黄蒢。如今黄河以北称它为龙葵。梁代讲授《礼记》的人把它当作苦菜；但它并没有宿根，直到春天才发芽生长，这也是个大错误。此外，高诱注《吕氏春秋》时说："只开花不结果的叫英。"苦菜理所当然应被称作"英"了，这也更加确定它不是龙葵了。

【原文】

《诗》云："有杕之杜。"江南本并木旁施大，《传》曰："杕，独貌也。"徐仙民音徒计反。《说文》曰："杕，树貌也。"在《木部》。《韵集》音次第之第，而河北本皆为夷狄之狄，读亦如字，此大误也。

【译文】

《诗经》说："有杕之杜。"江南的抄本都是将"木"字旁加一个"大"字。《毛诗传》说："杕，即孤高耸立的样子。"徐仙民给它注音为"徒计反切"。《说文解字》注："杕，即树木的样子。"把它收在"木"部。《韵集》中，其读音是"次第"的"第"，但黄河以北的抄本却都把它写成夷狄的"狄"，读音也是这样，这是一个大错误。

【原文】

《诗》云:"駉駉牡马。"江南书皆作牝牡之牡,河北本悉为放牧之牧。邺下博士见难云:《駉颂》既美僖公牧于坰野之事,何限騲骘乎?"余答曰:"案:《毛传》云:'駉駉,良马腹干肥张也。'其下又云:'诸侯六闲四种:有良马,戎马,田马,驽马。'若作放牧之意,通于牝牡,则不容限在良马独得駉駉之称。"

【译文】

《诗经》中说:"駉駉牡马。"江南的书上都写成牝牡之"牡",黄河以北的书上却又全都写成放牧的"牧"。邺下的博学之士诘难说:《駉颂》诗既然是赞美僖公在远郊放牧的事情,又何必去限定它是母马还是公马呢?"我答道:"按《毛诗传》的解释:'駉駉,指良马肚腹肥壮、躯干高大。'还说:'诸侯拥有六个马厩,马分为四种,即良马、戎马、田马、驽马。'要是解释为放牧之意,则它就通指母马、公马,而不是限定只有良马才能称为'駉駉'。"

【原文】

"良马,天子以驾玉辂,诸侯以充朝聘郊祀,必无騲也。《周礼·圉人职》:'良马,匹一人。驽马,丽一人。'圉人所养,亦非騲也;颂人举其强骏者言之,于义为得也。《易》曰:'良马逐逐。'《左传》云:'以其良马二。'亦精骏之称,非通语也。今以《诗传》良马,通于牧騲,恐失毛生之意,且不见刘芳《义证》乎?"

【译文】

　　"良马，是给天子驾车的马，是诸侯朝见天子和在郊野举行祭祀仪式时用的马，当然肯定不会有母马。《周立·圉人职》记载：'良马，每一匹由专门的一个人饲养。驽马，每两匹由专门的一个人饲养。'养马的人所养的也不是母马；作颂诗的人用俊美强壮来赞扬马，是理解其中含义的。《易经》上说：'良马奔驰。'《左传》里说：'以其良马二。'也是说良马俊美强壮，而不是说每一匹马都是这样。现在认为《诗传》中所说的良马就是指母马、公马，恐怕是与毛苌的本意相违背的，难道不知道有刘芳的《义证》为证吗？"

【原文】

　　《月令》云："荔挺出。"郑玄注云："荔挺，马薤也。"《说文》云："荔，似蒲而小，根可为刷。"《广雅》云："马薤，荔也。"《通俗文》亦云马蔺。《易统通卦验玄图》云："荔挺不出，则国多火灾。"蔡邕《月令章句》云："荔似挺。"高诱注《吕氏春秋》云："荔草挺出也。"然则《月令注》荔挺为草名，误矣。河北平泽率生之。

【译文】

　　《礼记·月令》上说："荔挺出。"郑玄注释说："荔挺就是马薤。"《说文》上说："荔，长得像蒲草但比蒲草稍小，它的根可制作刷子。"《广雅》上说："马薤就是荔。"《通俗文》也说是马蔺。《易统通卦验玄图》说："要是不长荔挺，则国家就会频繁发生火灾。"蔡邕在《月令章句》中说："荔像挺。"高诱注《吕氏春秋》

时说："荔草直立生长。"可是《月令注》却认为荔挺是草名，这就错了。黄河以北沼泽地带长满了荔草。

【原文】

江东颇有此物，人或种于阶庭，但呼为旱蒲，故不识马薤。讲《礼》者乃以为马苋；马苋堪食，亦名豚耳，俗名马齿。江陵尝有一僧，面形上广下狭；刘缓幼子民誉，年始数岁，俊晤善体物，见此僧云："面似马苋。"其伯父绍因呼为"荔挺法师"。绍亲讲《礼》名儒，尚误如此。

【译文】

在江东这种草也颇为常见，有人将其种在台阶前，只是管它叫旱蒲，因而不知道它就是马薤。讲授《礼记》的人却认为它是马苋。马苋可以吃，又叫豚耳，俗名马齿。江陵曾经有一位僧人，脸形上宽下窄；刘缓的幼子民誉，才几岁年纪，却俊秀聪颖，非常善于观察描绘事物，当他看到这个僧人后，就说："他的脸长得像马苋。"民誉的伯父刘绍就称这个僧人为"荔挺法师"。刘绍是讲授《礼记》的名儒，竟也出错到这种程度。

【原文】

《诗》云："将其来施施。"《毛传》云："施施，难进之意。"郑《笺》云："施施，舒行貌也。"《韩诗》亦重为施施。河北《毛诗》皆云施施。江南旧本，悉单为施，俗遂是之，恐为少误。

《诗经》上说:"将其来施施。"《毛传》说:"施施,难以行进的意思。"郑玄作《笺》解释说:"施施,行进舒缓的样子。"《韩诗》也重叠为"施施"。黄河以北的《毛诗》都写作"施施"。江南的古本却全部是一个"施"字,一般人都认为这是正确的,但恐怕还是错误的。

【原文】

《诗》云:"有渰萋萋,兴云祁祁。"《毛传》云:"渰,阴云貌。萋萋,云行貌。祁祁,徐貌也。"《笺》云:"古者,阴阳和,风雨时,其来祁祁然,不暴疾也。"案:"渰"已是阴云,何劳复云"兴云祁祁"耶?"云"当为"雨",俗写误耳。班固《灵台》诗云:"三光宣精,五行布序,习习祥风,祁祁甘雨。"此其证也。

【译文】

《诗经》说:"有渰萋萋,兴云祁祁。"《毛传》说:"渰,乌云密布的样子。萋萋,云缓缓移动的样子。"郑《笺》说:"古时候,阴阳调和,风雨按时而至,它们来的时候缓缓适度,而非迅疾猛烈。"我觉得,渰已经是阴云的意思,为什么还要重复地说"兴云祁祁"呢?如此看来,"云"应当为"雨"字,只是人将其写错了而已。班固的《灵台》诗说:"三光宣精,五行布序,习习祥风,祁祁甘雨。"这就是明证。

【原文】

《礼》云:"定犹豫,决嫌疑。"《离骚》曰:"心犹

豫而狐疑。"先儒未有释者。案：《尸子》曰："五尺犬为犹。"《说文》云："陇西谓犬子为犹。"吾以为人将犬行，犬好豫在人前，待人不得，又来迎候，如此返往，至于终日，斯乃豫之所以为未定也，故称犹豫。

【译文】

《礼记》说："定犹豫，决嫌疑。"《离骚》说："心犹豫而狐疑。"先儒没有对此做出解释。据我考证，《尸子》说："长五尺的狗叫犹。"《说文》说："陇西称狗崽为犹。"我觉得人带狗走时，狗总是喜欢跑在人的前面，等不到人时就又跑回去迎接，这样前后往返，终日如此，这就是之所以无法决定它像"豫"的缘故，因此才叫作"犹豫"。

【原文】

或以《尔雅》曰："犹如麂，善登木。"犹，兽名也，既闻人声，乃豫缘木，如此上下，故称犹豫。狐之为兽，又多猜疑，故听河冰无流水声，然后敢渡。今俗云："狐疑，虎卜。"则其义也。

【译文】

还有一种观点指出，《尔雅》说："犹像麂，善于攀援树木。"犹是一种动物的名字，它一听到人的声音，就先爬上树，上下不定，所以称为犹豫。狐狸作为一种兽类，生性多疑，所以如果只有在它听到结冰的河里没有流水声的情况下，方敢渡河。现在俗话说的"狐狸性疑，老虎卜食"，就是讲的这个意思。

《左传》曰："齐侯痎，遂痁。"《说文》云："痎，二日一发之疟。痁，有热疟也。"案：齐侯之病，本是间日一发，渐加重乎故，为诸侯忧也。今北方犹呼痎疟，音"皆"。而世间传本多以"痎"为"疥"，杜征南亦无解释，徐仙民音"介"，俗儒就为通云："病疥，令人恶寒，变而成疟。"此臆说也。疥癣小疾，何足可论，宁有患疥转作疟乎？

【译文】

《左传》说："齐侯得了痎，后来转成了痁。"《说文》说："痎，是两天发作一次的疟疾。痁，是伴有热症的疟疾。"据考证，齐侯的病，原是隔天发作一次，然后逐渐加重，最后成为诸侯忧虑的事情。现在北方仍叫痎疟，读音同"皆"。而世间的传本很大一部分认为痎是疥，杜预也没有对此做出解释，徐仙民为其注音同"介"，一般的儒生就解释为"生了疥病，使人怕寒冷，然后就转变成疟疾了"。这种猜测是没有根据的。疥癣这样的小病，还值得一提吗？哪有得了疥癣会转成疟疾的呢？

【原文】

《尚书》曰："惟影响。"《周礼》云："土圭测影，影朝影夕。"《孟子》曰："图影失形。"《庄子》云："罔两问影。"如此等字，皆当为"光景"之"景"。凡阴景者，因光而生，故即谓为景。《淮南子》呼为"景柱"，《广雅》云："晷柱挂景。"并是也。至晋世葛洪《字苑》，傍始加"彡"，音于景反。而世间辄改治《尚书》、《周礼》、《庄》、《孟》从葛洪字，甚为失矣。

【译文】

《尚书》说："惟影响。"《周礼》说："土圭测量日影，日影朝东月影朝西。"《孟子》说："图影无形。"《庄子》说："罔两问影。"这些字，都应该写作"光景"的"景"。因为只要是阴景，就都是由于光照才形成的，因此就应当写作"景"。《淮南子》称为"景柱"，《广雅》中说："晷柱挂景。"都是相同的意思。到东晋葛洪著《字苑》时，才开始在"景"旁加上"彡"，读音是"于景反切"。而世人就把《尚书》《周礼》《庄子》《孟子》中的"景"字按葛洪的说法统统改为"影"字，这个失误实在是太大了。

【原文】

太公《六韬》，有天陈、地陈、人陈、云鸟之陈。《论语》曰："卫灵公问陈于孔子。"《左传》："为鱼丽之陈。"俗本多作阜旁车乘之车。案诸陈队，并作陈、郑之陈。夫行陈之义，取于陈列耳，此六书为假借也，《仓》、《雅》及近世字书，皆无别字；唯王羲之《小学章》，独阜傍作车，纵复俗行，不宜追改《六韬》、《论语》、《左传》也。

【译文】

姜太公的《六韬》中，说到天陈、地陈、人陈、云鸟之陈。《论语·卫灵公》中说："卫灵公问陈于孔子。"《左传·桓公五年》中有"为鱼丽之陈"的话。一般的流传俗本大多数是将以上几个"陈"字，写作"阜"字旁加车乘的"车"。据考查，表示各种军队陈列队伍的"陈"，都写作"陈、郑"的"陈"字。所以叫行陈，是取义于陈列，将"陈"写作"阵"，这在六书中是假借的用法。《仓颉篇》《尔雅》以及近代的字书，"陈"都没有写成别的字。唯有王羲之的《小学章》，写成了"阜"字旁加车乘的"车"。就算这种写法在民间流传了，那也不应该将《六韬》《论语》《左传》中"陈"的写法改掉。

【原文】

《诗》云："黄鸟于飞，集于灌木。"《传》云："灌木，丛木也。"此乃《尔雅》之文，故李巡注曰："木丛生曰灌。"《尔雅》末章又云："木族生为灌。"族亦丛聚也。

【译文】

《诗经》中说："黄鸟于飞，集于灌木。"《毛传》中说："灌木就是丛木。"这是《尔雅》的解释，所以李巡注《尔雅》时指出："树木丛生就叫作灌。"《尔雅》最后一句又说："木族生为灌。"族，也是丛聚之意。

【原文】

所以江南《诗》古本皆为"丛聚"之"丛"，而古"丛"字似"寂"字，近世儒生因改为"寂"，解云："木之寂高长者。"案：众家《尔雅》及解《诗》无言此者，唯周续之《毛诗注》音为徂会反，刘昌宗《诗注》，音为在公反，又祖会反：皆为穿凿，失《尔雅》训也。

因此，江南《诗经》的古本均写为"丛聚"的"丛"，而古"丛"字字形像"寂"字，近代的儒生因而把"丛"字改为"寂"字，并加以解释："树木丛中长得高大的。"据考证，各家《尔雅》及注释《诗经》的人都没有解释成这样的，只有周续之的《毛诗注》，为它注音为"徂会反"；刘昌宗的《诗注》注音为"在公反"，又读音为"祖会反"：这些都是牵强附会的，与《尔雅》的训释相背离。

【原文】

"也"是语已及助句之辞，文籍备有之矣。河北经传，悉略此字，其间字有不可得无者，至如"伯也执殳"，"于旅也语"，"回也屡空"，"风，风也，教也"，及《诗传》云："不戢，戢也；不傩，傩也。""不多，多也。"如斯之类，觉削此文，颇成废阙。《诗》言："青青子衿。"《传》曰："青衿，青领也，学子之服。"

【译文】

"也"字是用在语句末尾做语气词或者用在句中做助词的，文章典籍常用这个字。北方的经书和传本中大都省略了这个字，而其中有的"也"字是不能省略的，比如像"伯也执殳"，"于旅也语"，"回也屡空"，"风，风也，教也"以及《毛诗传》说的："不戢，戢也；不傩，傩也。""不多，多也"等诸如此类的句子，一旦将"也"字省略，就成了废文、缺文了。《诗·郑风·子衿》有"青青子衿"之句，《毛诗传》解释说："青衿，青领也，学子之服。"

【原文】

按：古者，斜领下连于衿，故谓领为衿。孙炎、郭璞注《尔雅》，曹大家注《列女传》，并云："衿，交领也。"邺下《诗》本，既无"也"字，群儒因谬说云："青衿、青领，是衣两处之名，皆以青为饰。"用释"青青"二字，其失大矣！又有俗学，闻经传中时须"也"字，辄以意加之，每不得所，益成可笑。

【译文】

据考证，古时候，斜的领子下面连着衣襟，因此称领子为"衿"。孙炎、郭璞注解《尔雅》，曹大家注解《列女传》都说："衿，交领也。"邺下的《诗经》传本，就没有"也"字，那些儒生就误认为"青衿、青领，是指衣服的两个不同部分的名称，这两处均是用青色来做装饰的"。对"青青"二字如此解释，真是大错特错。又有一些平庸的学子，听说《诗经》传注中常要补上"也"字，于是就根据自己的理解随意添补，但是却常常补充得不是地方，更是可笑。

【原文】

《易》有蜀才注，江南学士，遂不知是何人。王俭《四部目录》，不言姓名，题云："王弼后人。"谢炅、夏侯该并读数千卷书，皆疑是谯周；而《李蜀书》一名《汉之书》，云："姓范，名长生，自称蜀才。"南方以晋家渡江后，北间传记，皆名为伪书，不贵省读，故不见也。

《周易》有署名蜀才的注本，而江南的学士们竟然不知道蜀才是谁。王俭的《四部目录》中没有将此人的姓名说出来，只是标注为"王弼后人"。谢炅和夏侯该都读过千万卷书，他们怀疑蜀才就是谯周。可是《李蜀书》，又名《汉之书》，却说："姓范，名叫长生，自称蜀才。"但南方把晋室渡江后所有北方传记都称为"伪书"，不注重仔细审读，所以就无法知道蜀才是谁了。

【原文】

《礼·王制》云："裸股肱。"郑注云："谓褰衣出其臂胫。"今书皆作"撰甲"之"撰"。国子博士萧该云："'撰'当做'褰'，音'宣'，'撰'是穿著之名，非'出臂'之义。"案《字林》，萧读是，徐爰音"患"，非也。

【译文】

《礼记·王制》说："裸股肱。"郑玄注释说："这是衣露出臂和腿。"今天的书均写成"撰甲"的"撰"。国子博士萧该说："'撰'应该写作'褰'，读音同'宣'，撰是穿着之意，而非露出手臂之意。"根据《字林》，萧该的读音是对的；但是徐爰读音为"患"，则是错误的。

【原文】

《汉书》："田肎贺上。"江南本皆作"宵"字。沛国刘显，博览经籍，偏精班《汉》，梁代谓之《汉》圣。显子臻，不坠家业。读班史，呼为"田肎"。梁元帝尝问之，答曰："此无义可求，但臣家旧本，以雌黄改'宵'为

'冐'。"元帝无以难之。吾至江北，见本为"冐"。

　　《汉书》中有"田冐贺上"。江南版本均将"冐"写作"宵"。沛国人刘显，博览群书，尤其对班固的《汉书》精通，梁代时称他为《汉》圣"。刘显的儿子刘臻，承传家业，他在读班固的《汉书》时，读作"田冐"。梁元帝曾问其中的缘故，刘臻答道："这也没有什么特别的意义可讲，只是由于我们家的旧本中，用雌黄将'宵'字统改为了'冐'。"元帝也没有对此加以诘难了。我到江北的时候，看到都写作"冐"。

　　《汉书·王莽赞》云："紫色蛙声，余分闰位。"盖谓非玄黄之色，不中律吕之音也。近有学士，名问甚高，遂云："王莽非直鸱髎虎视，而复紫色蛙声。"亦为误矣。

　　《汉书·王莽赞》中说："紫色蛙声，余分闰位。"意指不是玄

黄正色，不合乐律正声。当今有位名望很高的学士，居然说："王莽不但长着像老鹰一样的翅膀和像老虎一样的眼睛，而且他的脸色发紫，声音像蛙鸣。"这实在是个大错误。

【原文】

简"策"字，"竹"下施"束"，末代隶书，似杞、宋之"宋"，亦有"竹"下遂为"夹"者；犹如"刺"字之旁应为"束"，今亦作"夹"。徐仙民《春秋》、《礼音》，遂以"筴"为正字，以"策"为音，殊为颠倒。《史记》又作"悉"字，误而为"述"，作"妬"字，误而为"姤"，裴、徐、邹皆以"悉"字音"述"，以"妬"字音"姤"。既尔，则亦可以"亥"为"豕"字音，以"帝"为"虎"字音乎？

【译文】

简策的"策"字，是"竹"下面加"束"。末代隶书把"策"写作像杞、宋的"宋"，也有的把"竹"下面写作"夹"字，就像"刺"的旁边本来是"束"，现在也写作"夹"。徐仙民在《春秋》《礼音》就将"筴"作正字，将"策"作读音，实在是是非颠倒。《史记》错将"悉"字写作"述"，错将"妬"字写作"姤"。于是裴骃、徐广、邹诞生在对《史记》作注解时，都将"悉"字读作"述"，把"妬"字读作"姤"。照这样下去的话，是不是也可以把"亥"字读作"豕"、把"帝"字读作"虎"呢？

【原文】

张揖云："虙，今伏羲氏也。"孟康《汉书》古文注亦云："慮，今伏。"而皇甫謐云："伏羲或謂之宓羲。"按諸經史緯候，遂無宓羲之號。"慮"字從"虍"，"宓"字從"宀"，下俱為"必"，末世傳寫，遂誤以"慮"為"宓"，而《帝王世紀》因誤更立名耳。何以驗之？

　　张揖说："慮，即现在所说的伏羲氏。"孟康的《汉书》古文注中也说："慮，就是今天的伏。"而皇甫谧却说："伏羲有时也叫作宓羲。"据各经史典籍来看，却没有发现"宓羲"的称谓。"慮"字从"虍"，"宓"字从"宀"，下面都是"必"字。后来人们在传抄誊写的过程中，便误把"慮"写作"宓"，而《帝王世纪》中就因此而错误地另立名字。用什么作为凭证来验证这一点呢？

　　孔子弟子慮子贱为单父宰，即慮羲之后，俗字亦为"宓"，或复加"山"。今兖州永昌郡城，旧单父地也，东门有《子贱碑》，汉世所立，乃曰："济南伏生，即子贱之后。"是知"慮"之与"伏"，古来通字，误以为"宓"，较可知矣。

　　孔子的弟子慮子贱曾出任单父的长官，他就是慮羲的后代，姓也被俗写成"宓"，或再加一个"山"。如今的兖州永昌郡城，就是以前的单父所在地，其东门有一块立于汉代时《子贱碑》，其上说到"济南的伏生，即是子贱的后代"。由此可见在古时候，"慮"与"伏"是通用的，后来误写作"宓"，这样看来就比较明了了。

【原文】

《太史公记》曰："宁为鸡口，无为牛后。"此是删《战国策》耳。案：延笃《战国策音义》曰："尸，鸡中之主。从，牛子。"然则，"口"当为"尸"，"后（繁体为後）"当为"从（繁体为從）"，俗写误也。

【译文】

《太史公记》说："宁做鸡口，不做牛的肛门。"这是篡改《战国策》中的话。据考证，延笃的《战国策音义》说："尸，是鸡群的头领；从，是牛犊。"如此看来，这里的"口"字应该是"尸"字，"后（繁体为後）"字应是"从（繁体为從）"字了，当今通行的写法都是错误的。

【原文】

应劭《风俗通》云："《太史公记》：'高渐离变名易姓，为人庸保，匿作于宋子，久之作苦，闻其家堂上有客击筑，伎痒，不能无出言。'"案：伎痒者，怀其伎而腹痒也。是以潘岳《射雉赋》亦云："徒心烦而伎痒。"今《史记》并作"徘徊"，或作"彷徨不能无出言"，是为俗传写误耳。

【译文】

应劭的《风俗通义》中说："《太史公记》中载：'高渐离改名换姓，替人作庸保，在宋子县秘密地劳作，时间一长，就感到苦累，听到主人家堂上有客人在击筑，心中就开始发痒，但又无法说出来。'"据考证，伎痒，是指因身怀技艺却没办法去展现而使得自己心里感到难受。所以，潘岳在《射雉赋》中也说："白白地心烦伎痒。"今天的《史记》本子都写成"徘徊"，或"彷徨不能无出言"，这是人们传抄誊写的失误。

【原文】

太史公论英布曰："祸之兴自爱姬，生于妒媚，以至灭国。"又《汉书·外戚传》亦云："成结宠妾妒媚之诛。"此二"媚"并当做"媢"，媢亦妒也，义见《礼记》、《三仓》。且《五宗世家》亦云："常山宪王后妒媢。"王充《论衡》云："妒夫媢妇生，则忿怒斗讼。"益知"媢"是"妒"之别名。原英布之诛为意贲赫耳，不得言媚。

【译文】

太史公评价英布说："灾祸因爱姬而起，因妒媢而生，以致国家沦亡。"另外，《汉书·外戚传》也说："宠妾妒媢造成杀身之祸。"这里的两个"媚"字都应当写作"媢"字，媢的意思就是妒，其意思见于《礼记》《三仓》。并且《五宗世家》也指出："常山宪王的王后妒媢。"王充的《论衡》中说："妒夫媢妇的出现，会产生愤怒斗讼。"这更表明"媢"是"妒"的另一种说法。考证英布被杀的原因，好像是怀疑贲赫，而不能说是"媚"。

【原文】

《史记·始皇本纪》："二十八年，丞相隗林、丞相王绾等议于海上。"诸本皆作山林之"林"。开皇二年五月，长安民掘得秦时铁称权，旁有铜涂镌铭二所。其一所曰：

"廿六年，皇帝尽并兼天下诸侯，黔首大安，立号为皇帝，乃诏丞相状、绾，法度量则不一歉疑者，皆明一之。"凡四十字。

【译文】

《史记·始皇本纪》中记载："二十八年，丞相隗林、丞相王绾等人，在东海之滨商议事情。"现存的各种抄本都写成了山林之"林"。隋朝开皇二年五月，长安百姓在掘地时挖出了秦时的铁秤砣，上有镀铜的镌刻铭文两则。其中一则说："廿六年，皇帝尽并兼天下诸侯，黔首大安，立号为皇帝，乃诏丞相状、绾，法度量则不一歉疑者，皆明一之。"一共四十个字。

【原文】

其一所曰："元年，制诏丞相斯、去疾，法度量，尽始皇帝为之，皆有刻辞焉。今袭号而刻辞不称始皇帝，其于久远也，如后嗣为之者，不称成功盛德，刻此诏□左，使毋疑。"凡五十八字，一字磨灭，见有五十七字，了了分明。其书兼有古隶。余被敕写读之，与内史令李德林对，见此称权，今在官库；其"丞相状"字，乃为状貌之

"状"，"爿"旁作"犬"；则知俗作"隗林"，非也，当为
"隗状"耳。

另一则说："元年，制诏丞相李斯、去疾，法度量，尽始皇帝为
之，皆有刻辞焉。今袭号而刻辞不称始皇帝，其于久远也，如后嗣
为之者，不称成功盛德，刻此诏□左，使毋疑。"一共五十八个字，
其中有一个字因磨损而无法辨认，其余的五十七个字都很清楚。这
些文字用的是古隶书。我奉皇帝诏令抄写、标点铭文，与内史令李
德林一起核对，因此得以看到这个秤砣，如今在官库里；其中"丞
相状"的字迹，就是状貌的"状"，即"爿"旁加"犬"字；由此
可知多数人写成"隗林"是错误的，而应该是"隗状"。

《汉书》云："中外褆福。"字当从示。褆，安也，音
匙匕之匙，义见《仓》、《雅》、《方言》。河北学士皆云如
此。而江南书本多误从手，属文者对耦，并为提挈之意，
恐为误也。

《汉书》说："中外褆福。""褆"字应当从"示"。褆，即"安"
之意，读音则是"匙匕"的"匙"，其词义见于《三仓》《尔雅》
《方言》等书中。黄河以北的学士们都是这样认为的。但江南书本
中的"褆"字大多被误写为从"手"，再加上一些写文章的人往往
刻意追求对偶，于是竟然把它写成了"提挈"的意思，这恐怕也
是错误的。

【原文】

　　或问：“《汉书注》：‘为元后父名禁，故禁中为省中。’何故以‘省’代‘禁’？”答曰：“案：《周礼·宫正》：‘掌王宫之戒令纠禁。’郑注云：‘纠，犹割也，察也。’李登云：‘省，察也。’张揖云：‘省，今省詧也。’然则小井、所领二反，并得训察。其处既常有禁卫省察，故以‘省’代‘禁’。詧，古‘察’字也。”

【译文】

　　有人问：“《汉书注》中有‘因为汉元帝皇后名叫‘禁’，所以禁中改为省中。’为什么要用‘省’来代替‘禁’呢？”我回答说：“据考证，《周礼·宫正》说：‘掌管王宫的戒令纠察。’郑玄还注释说：‘纠，就与割、察的意思相同。’李登说：‘省，就是察的意思。’张揖说：‘省，即今天的省詧。’如果真是如此，则小井、所领两个读音，就都可以反切成‘察’了。那个地方既然有禁卫省察，那就当然可以用‘省’来代替‘禁’了。詧，就是古代的‘察’字。”

【原文】

　　《汉·明帝纪》：“为四姓小侯立学。”按：桓帝加元服，又赐四姓及梁、邓小侯帛，是知皆外戚也。明帝时，外戚有樊氏、郭氏、阴氏、马氏为四姓。谓之小侯者，或以年小获封，故须立学耳。或以侍祠猥朝，侯非列侯，故曰小侯，《礼》云：“庶方小侯。”则其义也。

【译文】

《后汉书·明帝纪》中说:"为四姓小侯立学。"据考证,汉桓帝行加冠礼时,又赏赐给四姓及梁、邓小侯丝帛,如此看来他们都是外戚了。汉明帝时,外戚有樊氏、郭氏、阴氏、马氏四姓。他们被称呼为小侯,大概是由于年幼时就获得封号,所以必须设立学校;不过也有可能是因为侍祠猥朝侯这样的闲职,虽然是侯,但是并不是上等的列侯,所以就叫小侯。《礼记》中所说"诸方小侯",大概就是这个意思吧。

【原文】

《后汉书》云:"鹳雀衔三鳝鱼。"多假借为鳣鲔之"鳣";俗之学士,因谓之为鳣鱼。案:魏武《四时食制》:"鳣鱼大如五斗奁,长一丈。"郭璞注《尔雅》:"鳣长二三丈。"安有鹳雀能胜一者,况三乎?鳣又纯灰色,无文章也。

【译文】

《后汉书》说:"鹳雀衔着三条鳝鱼。"注释时常假借作"鳣鲔"的"鳣"字。很多读书人就叫它鳣鱼。据考证,魏武帝的《四时食制》中记载:"鳣鱼就像五斗容积的器具那么大,有一丈长。"郭璞注《尔雅》时说:"鳣鱼长二三丈。"鳣鱼这么大,鹳雀连一条都衔不住,更不要说三条了;鳣鱼又是纯灰色的,且没有花纹。

【原文】

鳝鱼长者不过三尺,大者不过三指,黄地黑文,故都讲云:"蛇鳝,卿大夫服之象也。"《续汉书》及《搜神记》亦说此事，皆作"鳝"字。孙卿云："鱼鳖鳅鳣。"及《韩非》、《说苑》皆曰："鳣似蛇，蚕似蠋。"并作"鳣"字。假"鳣"为"鳝"，其来久矣。

【译文】

鳝鱼最长的也超不过三尺，最宽的也超不过三指，且是黄底黑纹，所以常有人说："蛇鳝，就像卿大夫衣服上的图案。"《续汉书》和《搜神记》也都提及此事，都写作"鳝"字。荀子说："鱼鳖鳅鳣。"《韩非子》《说苑》也都说："鳣像蛇，蚕像蠋。"都写作"鳣"字。把"鳣"假借为"鳝"，是由来已久的了。

【原文】

《后汉书》："酷吏樊晔为天水郡守，凉州为之歌曰：'宁见乳虎穴，不入冀府寺。'"而江南书本"穴"皆误作"六"。学士因循，迷而不寤。夫虎豹穴居，事之较者，所以班超云："不探虎穴，安得虎子？"宁当论其六七耶？

【译文】

《后汉书·酷吏传》中记载："酷吏樊晔为天水郡太守，凉州人给他编了首歌说：'宁见乳虎穴，不入冀府寺。'"江南的《后汉书》底本和副本，都将"穴"字误写作"六"字，有些学者沿袭了这个错误而不觉察。其实，虎豹住在洞穴中，这是很明显的事情，所以班超说："不探虎穴，安得虎子？"再说这句词里也没有必要去计量乳虎是六个还是七个呀！

【原文】

《后汉书·杨由传》云："风吹削肺。"此是削札牍之柿耳。古者，书误则削之，故《左传》云"削而投之"是也。或即谓札为削，王褒《童约》曰："书削代牍。"苏竟书云："昔以摩研编削之才。"皆其证也。

【译文】

《后汉书·杨由传》中说："风吹削肺。"这里的"肺"字其实是指削札牍的那个"柿"字。古代，书写错了就要用刀将它削掉，因此《左传》中有"削而投之"，说的就是这个意思。有人认为"札"就是"削"，王褒的《童约》说："书削代牍。"苏竟写道："昔以摩研编削之才。"这些都是把"札"说成"削"的证据。

【原文】

《诗》云："伐木浒浒。"《毛传》云："浒浒，柿貌也。"史家假借为肝肺字，俗本应是悉作脯腊之脯，或为反哺之哺。学士因解云："削哺，是屏障之名。"既无证据，亦为妄矣！此是风角占候耳。《风角书》曰："庶人风者，拂地扬尘转削。"若是屏障，何由可转也？

【译文】

《诗经》中说："伐木浒浒。"《毛传》说："浒浒，即削去木片的样子。"史家将其假借成肝肺的"肺"字，因此通行本就全部写成了脯腊的"脯"，或"反哺"的"哺"。学士们根据这种情况而解释道："削哺，是屏风的名称。"这种观点当然是没有证据的，也是胡扯。其实，"风吹削肺"的意思是说只有根据四方的来风才能预测吉凶祸福。《风角书》中就有："庶人风者，拂地扬尘转削。"倘若是屏障的话，那还能将它吹得动吗？

　　《三辅决录》云：“前队大夫范仲公，盐豉蒜果共一筒。”“果”当做魏颗之“颗”。北土通呼物一块曰，改为一颗，蒜颗是俗间常语耳。故陈思王《鹞雀赋》曰：“头如果蒜，目似擘椒。”又《道经》云：“合口诵经声璙璙，眼中泪出珠子磲。”其字虽异，其音与义颇同。江南但呼为蒜符，不知谓为颗。学士相承，读为裹结之裹，言盐与蒜共一苞裹，内筒中耳。《正史削繁音义》又音蒜颗为苦戈反，皆失也。

【译文】

　　《三辅决录》说：“南阳郡太守范仲公，盐豉蒜果共一筒。”“果”字应该是魏颗的“颗”字。北方通常把一块物体称为一颗，“蒜颗”这种说法在民间很常用。因此，陈思王的《鹞雀赋》说：“头如果蒜，目似擘椒。”此外，《道经》说：“合口诵经璙璙，眼中泪出珠子磲。”这些字虽然字形不同，但它们的音义却是一致的。江南的人只叫作“蒜符”，不知道叫“颗”。学士们相继沿袭，读作“裹结”的“裹”，还将其说成盐与蒜共同放在一个包裹里，然后放入竹筒中。《正史削繁音义》又读蒜颗的“颗”为苦戈反，这些都是错误的。

【原文】

　　有人访吾曰：“《魏志》蒋济上书云‘弊刞之民’，是何字也？”余应之曰：“意为刞即是豉倦之豉耳。张揖、吕忱并云：‘支傍作刀剑之刀，亦是刞字。’不知蒋氏自造支旁作筋力之力，或借剞字，终当音九伪反。"

　　有人问我："《魏志》记载蒋济上书时说'弊劾之民'中的'劾'是什么字？"我回答道："我认为'劾'就是'骹倦'的'骹'字。张揖、吕忱都说：'支字旁加上刀剑的刀，也是剞字。'不明白为什么蒋济又自造了一个'支'旁加一筋力的'力'字，也许是假借的'剞'字吧。但无论怎么说，都应该念九伪反。"

【原文】

　　《晋中兴书》："太山羊曼，常颓纵任侠，饮酒诞节，兖州号为䝙伯。"此字皆无音训。梁孝元帝尝谓吾曰："由来不识。唯张简宪见教，呼为嚅羹之嚅。自尔便遵承之，亦不知所出。"简宪是湘州刺史张缵谥也，江南号为硕学。

【译文】

　　《晋中兴书》中记载："泰山的羊曼，常常颓废任性，爱打抱不平，还总是饮酒无度，因此被兖州人称为'䝙伯'。"这个"䝙"字既没有读音也没有释义。梁孝元帝曾对我说："不知道这个字的由来。只有张简宪教过我，说读作噎羹的噎。于是从此我就这样读了，但依然不知道它的出处。"简宪是湘州刺史张缵的谥号，江南的人都认为他是学问高深之人。

【原文】

案：法盛世代殊近，当是耆老相传；俗间又有黯黤语，盖无所不施，无所不容之意也。顾野王《玉篇》误为黑旁沓。顾虽博物，犹出简宪、孝元之下，而二人皆云重边。吾所见数本，并无作黑者。重沓是多饶积厚之意，从黑更无义旨。

【译文】

据考证，何法盛所作的书稿离那个年代很近，应该是听长者口耳相传而得来的；民间又有"黯黤"的说法，意思是无所不及。顾野王的《玉篇》误写成"黑"旁加"沓"字。他这个人虽然学识渊博，但比简宪、孝元帝到底还是差了一些，而这两个人都说是"重"旁。我所见的几种本子，也没有写成"黑"旁的。重沓的意思是充足丰饶积累极厚，要是从"黑"旁，那么就不知道该怎样解释它的意思才合适了。

【原文】

《古乐府》歌词，先述三子，次及三妇，妇是对舅姑之称。其末章云："丈人且安坐，调弦未遽央。"古者，子妇供事舅姑，且夕在侧，与儿女无异，故有此言。丈人亦长老之目，今世俗犹呼其祖考为先亡丈人。又疑"丈"

当做"大",北间风俗,妇呼舅为大人公。"丈"之与"大",易为误耳。近代文士,颇作《三妇诗》,乃为匹嫡并耦己之群妻之意,又加郑、卫之辞,大雅君子,何其谬乎?

【译文】

《古乐府》歌词中,先讲三个儿子,然后才接着讲三个儿媳。儿媳是与公婆的称呼相对的。歌词的末句说:"丈人且安坐,调弦未遽央。"古代,儿媳早晚都在公婆身边侍奉,就像亲生儿女一样,因此有这种说法。丈人也是对长辈的称呼,直到今天,民间习俗还称死去的祖父为"先亡丈人"。又怀疑"丈"字应当为"大"字。北方地区有这样的风俗,媳妇称呼公公为"大人公"。"丈"字和"大"字是很容易写混的。近代的文人学士,写了很多《三妇诗》,竟把它弄成了匹配自己的众多妻妾的意思,再加上郑卫之类淫荡的歌词。这些所谓的正人君子,是多么荒谬虚伪啊!

【原文】

《古乐府》歌百里奚词曰:"百里奚,五羊皮。忆别时,烹伏雌,吹扊扅;今日富贵忘我为!""吹"当做"炊煮"之"炊"。案:蔡邕《月令章句》曰:"键,关牡也,所以止扉,或谓之剡移。"然则当时贫困,并以门牡木作薪炊耳。《声类》作扊,又或作房。

【译文】

《古乐府》歌中赞颂百里奚的词说:"百里奚,五羊皮。忆别时,烹伏雌,吹扊扅;今日富贵忘我为!""吹"字应该是"炊煮"

的"炊"。据考证，蔡邕的《月令章句》说："键，是用来关门的门栓，也有的说是刬移。"由此可知，百里奚当时非常贫困，都把门栓当柴火烧了。《声类》写作"虔"，又写作"店"。

【原文】

《通俗文》，世间题云"河南服虔字子慎造"。虔既是汉人，其《叙》乃引苏林、张揖；苏、张皆是魏人。且郑玄以前，全不解反语，《通俗》反音，甚会近俗。阮孝绪又云"李虔所造"。河北此书，家藏一本，遂无作李虔者。《晋中经簿》及《七志》并无其目，竟不得知谁制。然其文义允惬，实是高才。殷仲堪《常用字训》，亦引服虔《俗说》，今复无此书，未知即是《通俗文》，为当有异？近代或更有服虔乎？不能明也。

【译文】

《通俗文》被人们普遍认为是"河南服虔字子慎造"。服虔既然是汉代人，但他的《叙》却引用苏林、张揖的话；而苏、张二人均是三国魏人。再说了，在郑玄以前的人是不懂反切注音的。可是《通俗文》中的反切音，却恰好跟现在通行的做法相符合。阮孝绪又说是"李虔所造"。黄河以北的这种书，我家中就有一藏本，但也没有标明是李虔所撰。《晋中经簿》和《七志》中，也没有记载关于它的条目，竟然不知道到底是谁撰的。不过，这本书文义允当通畅，确实是出于学识渊博的文士之手。殷仲堪的《常用字训》，也引用服虔的《俗说》，但是现在已看不到这本书了，也不知道它是否就是《通俗文》，抑或是有什么不同之处；或者说也许还有另外一个服虔。这些都没有办法弄明白了。

【原文】

　　或问:"《山海经》,夏禹及益所记,而有长沙、零陵、桂阳、诸暨,如此郡县不少,以为何也?"答曰:"史之阙文,为日久矣;加复秦人灭学,董卓焚书,典籍错乱,非止于此。譬犹《本草》神农所述,而有豫章、朱崖、赵国、常山、奉高、真定、临淄、冯翊等郡县名,出诸药物;《尔雅》周公所作,而云'张仲孝友';仲尼修《春秋》,而《经》书孔丘卒;《世本》左丘明所书,而有燕王喜、汉高祖;《汲冢琐语》,乃载《秦望碑》;《仓颉篇》李斯所造,而云'汉兼天下,海内并厕,豨黥韩覆,畔讨灭残';《列仙传》刘向所造,而《赞》云'七十四人出佛经';《列女传》亦向所造,其子歆又作《颂》,终于赵悼后,而传有更始韩夫人、明德马后及梁夫人嫕;皆由后人所羼,非本文也。"

【译文】

　　有人问:"《山海经》是夏禹和伯益所记,里面却有长沙、零陵、桂阳、诸暨等这些秦汉时才有的郡县,你觉得这是怎么一回事呢?"我说:"史料残缺,由来已久;再加上秦朝灭绝学术,董卓焚书,这使得典籍错乱不堪,还不止这些。譬如《本草》托名是神农所著的,却有豫章、朱崖、赵国、常山、奉高、真定、临淄、冯翊等郡县名以及这些地方所产的各种药草;《尔雅》是周公所著，却说‘张仲孝友’；孔子修订《春秋》，但《春秋左氏传》却写到了孔子的去世；《世本》是春秋时左丘明所著，其中却有对战国时燕王喜和西汉高祖刘邦的记载；《汲冢琐语》居然记载了秦始皇一统后的《秦望碑》；《仓颉篇》是秦代的李斯撰写的，却写到了‘汉朝兼并天下，海内之人皆驯服，陈豨被黥、韩信覆灭，讨平叛乱平定残贼’；《列仙传》是西汉的刘向撰写，而《赞》中说其中七十四人在佛经中已有记载；《列女传》也是刘向撰写，接着刘向的儿子刘歆又作《颂》，记到战国赵悼后就结束了，但是却在传中发现还有汉朝的更始韩夫人、明德马后以及梁夫人嫕；这些都是后来的人加进去的文字，并不是原著中有的。”

【原文】

　　或问曰：“《东宫旧事》何以呼‘鸱尾’为‘祠尾’？”答曰：“张敞者，吴人，不甚稽古，随宜记注，逐乡俗讹谬，造作书字耳。吴人呼‘祠祀’为‘鸱祀’，故以‘祠’代‘鸱’字；呼‘绀’为‘禁’，故以‘纟’旁作‘禁’代‘绀’字；呼‘盏’为竹简反，故以‘木’旁作‘展’代‘盏’字；呼‘镬’字为‘霍’字，故以‘金’旁作‘霍’代‘镬’字；又‘金’旁作‘患’为‘镮’字，‘木’旁作‘鬼’为‘魁’字，‘火’旁作‘庶’为‘炙’字，‘既’下作‘毛’为‘髻’字；金花则‘金’旁作‘华’，窗扇则‘木’旁作‘扇’：诸如此类，专辄不少。”

【译文】

　　有人问：“《东宫旧事》中为什么把‘鸱尾’读作‘祠尾’？”

我答道："张敞是吴地人，他不太注重探究事物的源流，往往随便记载注释，追随乡俗以讹传讹，创造出字体罢了。因为吴地的人把'祠祀'读作'鸥祀'，所以就用'祠'来代替'鸥'；把'绀'读作'禁'，所以用'纟'旁加'禁'来代替'绀'；把'盏'字读作竹简反，所以用'木'旁加'展'来代替'盏'；把'镬'字读作'霍'，所以用'金'旁加'霍'字来替代'镬'；又用'金'旁加'患'字来代替'镮'，'木'旁加'鬼'字来代替'魁'，'火'旁加'庶'字来代替'炙'，'既'下加个'毛'字来代替'髻'；金花则用'金'旁加个'华'字来代替，窗扇就用'木'旁加个'扇'字来代替：诸如此类，均为妄加臆断的。"

【原文】

又问："《东宫旧事》'六色罽毹'，是何等物？当做何音？"答曰："案：《说文》云：'菭，牛藻也，读若威。'《音隐》：'坞瑰反。'即陆机所谓'聚藻，叶如蓬'者也。"

【译文】

又问："《东宫旧事》中所说的'六色罽毹'是什么意思？该读什么音？"回答说："据考证，《说文》中说：'菭，即牛藻，读音同'威'。《音隐》注音为坞瑰反，就是陆机所说的'聚藻，叶子像蓬草'的。"

【原文】

"又郭璞注《三仓》亦云：'蕰，藻之类也，细叶蓬茸生。'然今水中有此物，一节长数寸，细茸如丝，圆绕可爱，长者二三十节，犹呼为'菭'。又寸断五色丝，横著线股间绳之，以象葺草，用以饰物，即名为葺。于时当继六色屬，作此葺以饰绳带。张敞因造'纟'旁'畏'耳，宜作'𢃇'。"

【译文】

"另外，郭璞注释《三仓》时也说：'蕰，是属于藻一类的东西，叶细长且有蓬松的茸毛。'如今水中还长着这种东西，一节约有几寸长，茸毛细小如丝，圆转弯曲很招人喜爱；长的有二三十节，也叫'葺'。此外，把五色丝截成一寸长短，横着系在绳子上，做成像葺草的样子，用来为物品作装饰，就命名为'葺'。到时系六色屬，制作这种'葺'来装饰绳带。张敞于是就根据这个造了一个'纟'旁加'畏'的'缧'字，应该作'𢃇'才对。"

【原文】

柏人城东北有一孤山，古书无载者。唯阚骃《十三州志》以为舜纳于大麓，即谓此山，其上今犹有尧祠焉；世俗或呼为宣务山，或呼为虚无山，莫知所出。赵郡士族有李穆叔、季节兄弟、李普济，亦为学问，并不能定乡邑此山。余尝为赵州佐，共太原王邵读柏人城西门内碑。

【译文】

在柏人城的东北方有一座孤山，古书中对此无记载。只有阚骃的《十三州志》认为舜曾把它编入大麓三系，说的就是该山，山上至今还保留着尧的祠堂；通常情况下，人们有的叫它宣务山，有的叫它虚无山，但是都不知这称呼的出处。赵郡的士族有李穆叔、李季节兄弟二人，再加上李普济，李普济也是做学问的

柏人城

人，但是他们三个却依然无法确定家乡的这座山到底是怎么回事。我担任过赵州的官员，与太原的王邵一起研读过柏人城西门内的碑石。

【原文】

碑是汉桓帝时柏人县民为县令徐整所立，铭曰："山有巏嵍，王乔所仙。"方知此巏嵍山也。"巏"字遂无所出。嵍字依诸字书，即旄丘之旄也；旄字，《字林》一音亡付反，今依附俗名，当音权务耳。入邺，为魏收说之，收大嘉叹。值其为《赵州庄严寺碑铭》，因云："权务之精。"即用此也。

【译文】

该碑是汉桓帝时柏人县的百姓为当时的县令徐整立的，上面刻着："山有巏嵍，王乔所仙。"才知道原来这就是巏嵍山。"巏"字却没有出处。嵍字按照字书，即"旄丘"的"旄"字。旄字，《字林》一音亡付反，如今依附俗名，应把巏嵍读作"权务"才对。我到邺地后，曾在魏收面前提起这事，他对此大为赞赏感叹。等他写《赵州庄严寺碑铭》时，就写了"权务之精"，用的就是这一结论。

【原文】

或问："一夜何故五更？更何所训？"答曰："汉、魏以来，谓为甲夜、乙夜、丙夜、丁夜、戊夜，又云鼓，一鼓、二鼓、三鼓、四鼓、五鼓，亦云一更、二更、三更、四更、五更，皆以五为节。《西都赋》亦云：'卫以严更之署。'所以尔者，假令正月建寅，斗柄夕则指寅，晓则指午矣；自寅至午，凡历五辰。冬夏之月，虽复长短参差，然辰间辽阔，盈不过六，缩不至四，进退常在五者之间。更，历也，经也，故曰五更尔。"

【译文】

有人问："一夜为什么分五更？'更'又是什么意思呢？"我回答道："汉魏以来，称为甲夜、乙夜、丙夜、丁夜、戊夜；又叫鼓，一鼓、二鼓、三鼓、四鼓、五鼓；也叫一更、二更、三更、四更、五更，均是以五为单位的。《西都赋》也说：'用严更官署来护卫。'之所以这样分，是因为如果以寅月为正月，那么北斗星的斗柄到了傍晚时候就会指向寅，到了天亮的时候就会指向午位；从寅到午，一共经历了五个星区。虽然冬天和夏天的夜晚长短不同，但是斗柄在一夜之间所指向的星区，多的不超过六个，少的也不少于四个，一般总是在五个左右。更，就是经历的意思，'五更'就是一夜经历五个时段，所以把一夜叫作五更。"

【原文】

《尔雅》云："术，山蓟也。"郭璞注云："今术似蓟而生山中。"案：术叶其体似蓟，近世文士，遂读蓟为筋肉之筋，以藕地骨用之，恐失其义。

【译文】

《尔雅》说："术就是山蓟。"郭璞注释说："术就是像蓟生长在山中的那种。"据考证，术的叶子的形状像蓟，近代的文士就把

"蓟"读作筋肉的"筋",把它和枸杞（地筋）相混淆，这恐怕已经
与它的本义背离了。

【原文】

或问："俗名傀儡子为郭秃，有故实乎？"答曰：
"《风俗通》云：'诸郭皆讳秃。'当是前代人有姓郭而病秃
者，滑稽戏调，故后人为其象，呼为郭秃，犹《文康》象
庾亮耳。"

【译文】

有人问："木偶戏俗称郭秃，这有什么典故吗？"我回答说：
"《风俗通》说：'所有姓郭的都忌讳秃字。'大概是由于前代人中
有姓郭的人，并且这个人头秃，他幽默诙谐，于是后人就按照他
的形象制作了木偶，并称它为郭秃，这就像《文康》戏模仿庾亮
一样。"

【原文】

或问曰："何故名治狱参军为长流乎？"答曰："《帝
王世纪》云：'帝少昊崩，其神降于长流之山，于祀主
秋。'案：《周礼·秋官》，司寇主刑罚、长流之职，汉、
魏捕贼掾耳。晋、宋以来，始为参军，上属司寇，故取秋
帝所居为嘉名焉。"

【译文】

有人问："为什么把管理监狱的参军称为长流呢？"我回答说：
"《帝王世纪》说：'天帝少昊崩逝，他的神灵降在长流山，主掌秋

天的祭祀。'据考证，《周礼·秋官》中说，司寇主掌刑罚、长流的职责，跟汉、魏时的捕贼掾类似。直至晋宋方始设参军，由司寇管辖，于是就采用秋帝少昊居住的长流山做参军这一职务的美名了。"

【原文】

客有难主人曰："今之经典，子皆谓非，《说文》所言，子皆云是，然则许慎胜孔子乎？"主人拊掌大笑，应之曰："今之经典，皆孔子手迹耶？"客曰："今之《说文》，皆许慎手迹乎？"答曰："许慎检以六文，贯以部分，使不得误，误则觉之。孔子存其义而不论其文也。先儒尚得改文从意，何况书写流传耶？"

【译文】

有位客人责难主人说："现在经典中对文字的解释，你认为有很多错误，而《说文解字》对文字的解释，你却认为都是正确的，这样的话，不就是说许慎比孔子还要高明吗？"主人拍手大笑道："现在的经典都是孔子的手迹吗？"客人反问道："现在的《说文解字》都是许慎的手迹吗？"主人回答说："许慎根据六书来分析字形解释字义，将文字按部首分类，使文字的形、音、义准确无误，即使错了的，也能准确发现错在何处。孔子校订经书，只保存经文的大义宗旨，而不推究文字。以前的学者尚且还用改变字形的办法来附会文意，至于流传抄写过程中的错误就更多了。"

【原文】

"必如《左传》止戈为武，反正为乏，皿虫为蛊，亥有二首六身之类，后人自不得辄改也，安敢以《说文》校其是非哉？且余亦不专以《说文》为是也，其有援引经传，与今乖者，未之敢从。又相如《封禅书》曰：'导一茎六穗于庖，牺双觡共抵之兽。'此导训择，光武诏云：'非徒有豫养导择之劳'是也。

【译文】

"除非像《左传》中认为武字是由'止''戈'组成，'正'字反过来就是'令'，'蛊'字是由'皿''虫'组成，'亥'字是由'二'和'六'组成，像这样对文字的分析解释，后人已无法随意改变，又怎么敢用《说文解字》去考证这种说法的是非呢？同时，我也不认为《说文解字》是完全正确的，书中引用的典籍原文，如果与现在通行的典籍有出入，我也不敢盲从。例如，司马相如的《封禅书》说：'导一茎六穗于庖，牺双觡共抵之兽。'这句话中的'导'是选择的意思，光武帝下诏书说：'非徒有豫养导泽之劳。'其中的'导'字也是选择的意思。

【原文】

"而《说文》云：'薁是禾名。'引《封禅书》为证；无妨自当有禾名薁，非相如所用也。'禾一茎六穗于庖'，岂成文乎？纵使相如天才鄙拙，强为此语，则下句当云'麟双觡共抵之兽'，不得云牺也。吾尝笑许纯儒，不达文章之体，如此之流，不足凭信。大抵服其为书，隐括有条例，剖析穷根源，郑玄注书，往往引以为证；若不信其说，则冥冥不知一点一画，有何意焉。"

【译文】

"而《说文解字》却解释说：'䕆是一种禾的名称。'并且引用了《封禅书》作为例证。也许有一种谷物名叫'䕆'，但并不是司马相如《封禅书》中所用的那个字。如果按照许慎的理解，'禾一茎六穗于庖'难道还成为一句话吗？即使司马相如天生愚蠢，生硬地写出这句话，那么下句就不应该是'牺双觡共抵之兽'，而应该是'麟双觡共抵之兽'，以此求得上下名词义、词性的对应。我曾经笑话许慎是个纯粹的书生，不了解文章的体裁，像这一类的引证，就不足以令人遵从信服了。大家都信服许慎《说文解字》对文字的解说，他的书中将文字按部首排列，分析字的形体，探求字的本义，郑玄注释经书，常常引证《说文解字》作为论据。如果不相信许慎的学说，那就会稀里糊涂得不知道一笔一画的来龙去脉了，这样去读书认字还有什么意义呢？"

【原文】

世间小学者，不通古今，必依小篆，是正书记；凡《尔雅》、《三仓》、《说文》，岂能悉得仓颉本指哉？亦是随代损益，互有同异。西晋已往字书，何可全非？但令体例成就，不为专辄耳。考校是非，特须消息。至如"仲尼居"，三字之中，两字非体，《三仓》"尼"旁益"丘"，《说文》"尸"下施"几"：如此之类，何由可从？

【译文】

今天一般研究文字学的，不通晓古今文字的变化规则，一定照小篆的写法来校正书写的文字。《尔雅》《三仓》《说文》，如何能全部体现出仓颉造字的意愿呢？也不过是随着时代变化而互有异同罢了。怎么可以将西晋以来的字书全部否定呢？只要使它们的体例成就不要被后人随意妄为任意发挥就可以了。考查、校对是与非，特别要注意斟酌仔细。至于像"仲尼居"这三个字，有两个字就不符合法式。在《三仓》中，"尼"旁多了一个"丘"，而《说文》中"尸"下又多了一个"几"，像这样怎么可以盲目跟从呢？

【原文】

古无二字，又多假借，以"中"为"仲"，以"说"为"悦"，以"召"为"邵"，以"閒"为"闲"：如此之徒，亦不劳改。自有讹谬，过成鄙俗，"乱"旁为"舌"，"揖"下无"耳"，"鼋""鼍"从"龟"，"奮""奪"从"蒦"，"席"中加"带"，"恶"上安"西"，"鼓"外设"皮"，"鑿"头生"毁"，"离"则配"禹"，"壑"乃施"豁"，"巫"混"经"旁，"皋"分"泽"片，"猎"化为"獦"，"宠"变成"宠"，"业"左益"片"，"灵"底著"器"，"率"字自有"律"音，强改为别；"单"字自有"善"音，辄析成异：如此之类，不可不治。吾昔初看《说文》，蚩薄世字，从正则惧人不识，随俗则意嫌其非，略是不得下笔也。所见渐广，更知通变，救前之执，将欲半焉。若文章著述，犹择微相影响者行之，官曹文书，世间尺牍，幸不违俗也。

【译文】

　　古时候不存在一个字两种形体的现象，倒是假借比较多用，比如用"中"为"仲"、用"说"为"悦"、用"召"为"邵"、用"閒"为"闲"；诸如此类情况，也不用去改。当然，如今的文字中自然有错讹荒谬的，错在它居然成了一种习惯。如"乱"的偏旁变成了"舌"，"揖"的下面没有了"耳"，"鼋""鼍"的偏旁都成了"龟"，"奮""奪"也随了"雚"字，"席"中加了个"带"字，"恶"上安了个"西"字，"鼓"的外面设了一个"皮"字，"鑿"的上面添了个"毁"字，"离"则配上"禹"字，"壑"再加个"豁"字，"巫"与"经"旁相混，"皋"要分享"泽"的部分，"猎"字变成"獦"，"宠"字变成"寃"，"业"的左边加了个"片"字，"灵"的下面添了个"器"字，"率"字本来就有"律"的读音，却硬是非要再造一个别的，"单"字本来就有"善"的读音，却随意弄成别的字。像这样，实在是不整治不行了。我以前第一次看《说文》的时候，对这些乱造的新字鄙薄至极，但是如果将其改成正体字又怕人不认识，如果不改，就这样随应流俗，自己心里又不能认同，所以总是因为这种矛盾而难以下笔。后来，随着见识的增多，逐渐懂得了变通，一方面补救过去的拘泥，另一方面也还用一些俗字。倘若是文章著述，则还是应该选择影响微小的去写。至于官府文书、交往书信等，就不一定要违背习俗所使用的字了。（以上提到的字多为繁体——编者注）

【原文】

案：弥亘字从二间舟，《诗》云："亘之秬秠"是也。今之隶书，转"舟"为"日"；而何法盛《中兴书》乃以"舟"在"二"间为航字，谬也。《春秋说》以"人十四心"为"熏"，《诗说》以"二"在"天"下为"酉"，《汉书》以"货泉"为"白水真人"，《新论》以"金昆"为"银"，《国志》以"天"上有"口"为"吴"，《晋书》以"黄头小人"为"恭"，《宋书》以"召刀"为"邵"，《参同契》以"人"负"告"为造：如此之例，盖数术谬语，假借依附，杂以戏笑耳。如犹转"贡"字为"项"，以"叱"为"匕"，安可用此定文字音读乎？潘、陆诸子《离合诗》、《赋》，《栻卜》、《破字经》，及鲍昭《谜字》，皆取会流俗，不足以形声论之也。

【译文】

据考证，弥亘的"亘"字从"二"中间加个"舟"字，《诗经》说"亘之秬秠"就是。今天的隶书，把"舟"字写作"日"字；而且何法盛的《中兴书》居然将"舟"字在"二"中间认为是"航"字，荒谬至极。《春秋说》中以"人、十、四、心"作为"熏"字，《诗说》以"二"在"天"下作为"酉"字，《汉书》以"货泉"为"白、水、真、人"的合字，《新论》以"金""昆"合成"银"字，《三国志》以"天"上有"口"为"吴"字，《晋书》以"黄头、小、人"为"恭"字，《宋书》以"召、刀"合为"劭"字，《参同契》以"人"背"告"字为"造"字。这些不过是些术数的荒谬话，假借依附，杂以玩笑游戏之类。就如同把"贡"字变化成"项"字，把"叱"字当作"匕"字，怎么可以用这些来决定文字的读音呢？潘岳、陆机等人的《离合诗》《赋》，《栻卜》《破字经》，以及鲍昭的《谜字》，都是为了迎合流俗，因此不能用形声的方法去评析它们。

【原文】

河间邢芳语吾云："《贾谊传》云：'日中必熭。'注：'熭，暴也。'曾见人解云：'此是暴疾之意，正言日中不须臾，卒然便昃耳。'此释为当乎？"吾谓邢曰："此语本出太公《六韬》，案字书，古者暴晒字与暴疾字相似，唯下少异，后人专辄加傍日耳。言日中时，必须暴晒，不尔者，失其时也。晋灼已有详释。"芳笑服而退。

【译文】

河间人邢芳对我说："《汉书·贾谊传》中说：'日中必熭。'注解说：'熭，就是暴。'曾见有人解释说：'这指的是暴晒很短，也就是说太阳居中的时间很短，很快就偏西了。'这种解释是否恰当呢？"我对他说："这句话原本出自太公的《六韬》，考证字书，古代'暴晒'的'暴'字和'暴疾'的'暴'字相似，只是下边稍有不同罢了，后来的人就擅自加个'日'字。说是太阳正当空的时候，必须暴晒，要是不这样，将会错失时机。晋灼对此已有详细的解释了。"邢芳信服了，于是便笑着离开了。

【评析】

本篇是颜氏对经、史文章等所做的考证，是具有很高的学术价值的社会科学研究成果。颜氏将其单独成篇，其知识价值暂且不说，单就其学养之深厚、学风之严谨而言，本身就极富教育意义。

从颜氏的叙述中，我们可以看出他所有考证的特点：逐幽探微，旁征博引，析疑证谬。并从中看出颜氏做学问一丝不苟，没有半点马虎。古代的很多有德行、有作为的人很重视治学严谨，踏实认真，事必躬亲，在教育学生和子弟时也非常注重这方面的教导。

清代，在江苏吴县居住着一家人，祖父叶时（字紫帆）精医行善，救人无数，名噪吴中。父亲叶朝采（字阳生）精通医术，轻财好施，多得乡人称颂。朝采有一小儿名叫叶天士，单字桂，号香岩。叶桂自幼天资聪颖，过目成诵，深得前辈的喜爱。一天，叶桂正在读书，父亲走来对他说："孩子，读书非常重要，但更重要的是亲自实践，把书本上的学问变成自己的本领。"说着，拉起叶桂一起去看病。由于叶桂边学边干，进步很快，十几岁就能领会岐黄之学，独自行医看病。在叶桂十四岁的时候，父亲突然去世。为继承家学，他只得拜父亲的徒弟朱某为师，朱某感叶家之恩，悉心教育叶家后代。叶桂更是好学不倦，从善如流。由于叶桂勤奋好学，闻言即解，很快超过了师父。此后，叶桂又整理行装，四处寻师访友。他打听到谁有医疗专长就虚心拜师求教，他先后拜师十七人，加之本人敏悟异常，治病出奇制胜，立起沉疴，故名震朝野，妇孺皆知，世称"天医星"。

叶桂有了名气，但是他无时无刻不记着父亲对他的实践出真知的教导，他经常亲临第一线探索疑难病的治疗。一年，瘟病流行，一人得病，四邻传染，死人无数。为了弄清瘟病的发病机理，叶桂不顾危险，亲临疫区，考察病情，并亲自观察患者的症状表现，探索规律，寻找治疗方法。经过舍生忘死的奋斗，他终于解开了瘟病之谜，开辟了一条治疗瘟病的新路子。

叶桂重视实践，实践给了他真才实学。他在临床中创造性地总结出察舌、验齿等诊断疾病的方法。叶桂一生忙于诊务，没有抽出时间研究理论，只是把自己的一些临床经验收集起来，写成《温热论》和《临床指南医案》等著作。

颜氏指出的古籍中的每一处不恰当的地方，或是失实的地方，抑或是错误的地方，都是他亲自考证，翻查大量著作典籍，或者是留意身边的一些细微之处，发现疑点就继续追查考证，直到最后得到满意的答案。所以，我们学到的不仅仅是治学严谨，而且还学到了实践的重要作用。人们常说实践是检验真理的唯一标准。凡事不能人云亦云、以讹传讹，要身体力行，以实践来达到我们最终的目的。

读书时能从中发现错误，这本身就说明确实是在用心读，是动了脑筋的，不然就不可能发现错误。所以说，每一次发现错误的过程就是一个进步的过程，发现错误后就要去寻找出错的原因，寻找出错根源的过程也是一个进步的过程，找到根源后将其改正，这就是更大的进步了。

今天，我们不一定都搞学术研究，但是，只要我们生活在这个社会上，从事某种活动，就不能离开"严谨"二字，而我们除了要学习颜氏严谨的学风外，更要学习他事必躬亲、亲自实践考证以求真知的精神。今天的学校教育也好，家庭教育也好，在教育孩子时，都应该更加注意这一点，不要一味地让孩子读书，不要让孩子死记硬背课本的知识，而是要培养孩子勇于提出质疑的精神，然后，让孩子自己去寻求答案，这本身就是严谨学风的一个表现，同时会让孩子对所学的知识有进一步的了解。

卷七

音辞第十八

【原文】

夫九州之人，言语不同，生民已来，固常然矣。自《春秋》标齐言之传，《离骚》目楚词之经，此盖其较明之初也。后有扬雄著《方言》，其言大备。然皆考名物之同异，不显声读之是非也。逮郑玄注《六经》，高诱解《吕览》、《淮南》，许慎造《说文》，刘熹制《释名》，始有譬况假借以证音字耳。

【译文】

九州之人，所说的语言各不相同，自古已然。《春秋公羊传》用齐国的俗语记载历史，《离骚》用楚地的语词写成经典，它们的出现大概是明确方言差异最早的说法。后来扬雄著《方言》，针对这方面做了大为详备的论述，不过也都是考证事物名称的异同，而没有显示读音的正确与否。直到郑玄注释《六经》，高诱注解《吕氏春秋》《淮南子》，许慎著《说文解字》，刘熹著《释名》，才开始用音同或音近的字来标明文辞的读音。

【原文】

而古语与今殊别，其间轻重清浊，犹未可晓；加以内言外言、急言徐言、读若之类，益使人疑。孙叔言创《尔雅音义》，是汉末人独知反语。至于魏世，此事大行。高贵乡公不解反语，以为怪异。自兹厥后，音韵锋出，各有土风，递相非笑，指马之谕，未知孰是。共以帝王都邑，参校方俗，考核古今，为之折衷。摧而量之，独金陵与洛下耳。南方水土和柔，其音清举而切诣，失在浮浅，其辞多鄙俗。

【译文】

　　但是古音与今音是有差别的，其中语音的轻重、清浊，还没有能了解，再加上内言外言、急言徐言、读若之类的注音方法，更使人疑惑不解。孙叔言著《尔雅音义》，他是汉末人唯一懂反切注音法的。直到曹魏时期，这种反切注音法才大为流行。高贵乡公曹髦因为不懂得这种反切注音法，所以被人们当作一件十分怪异的事情。此后，韵书层出不穷，这些书开始出现时，还有方言的记录，相互非议讥笑，各是其是，各非其非，到底也不知道孰是孰非。后来大家有了统一的注音标准，即都用帝王都城的语音，同时参与比较各地方言，考核古今语音，采取一个折中的办法。经过权衡斟酌，最后得出只有建康音和洛阳音可取。南方水土柔和，语音清亮悠扬，发音急切，其不足之处就是发音浅浮，且多鄙陋粗俗的言辞。

【原文】

　　北方山川深厚，其音沉浊而鈋钝，得其质直，其辞多古语。然冠冕君子，南方为优；闾里小人，北方为愈。易服而与之谈，南方士庶，数言可辩；隔垣而听其语，北方朝野，终日难分。而南染吴、越，北杂夷虏，皆有深弊，不可具论。其谬失轻微者，则南人以钱为涎，以石为射，以贱为羡，以是为舐；北方人以庶为戍，以如为儒，以紫为姊，以洽为狎。

【译文】

北方山川深邃浑厚，语音低沉厚重而迟缓，体现了北方人质朴正直的个性，并且言辞中保留了很多古语。不过，要是说起官宦士子的语言，则南方远远优于北方；而北方的市井平民的语言则是大大胜过南方的。如果先让他们交换服装，然后再让他们交谈，倘若是北方的官员和平民，你听一天也很难将其区分开来。南方的语言多受到吴语和越语的影响，北方的语言也夹杂着外族的语言，因此它们都有很大的弊病，在此我就不一一说明了。其中有轻微错失的，如南方人把"钱"读作"涎"，把"石"读作"射"，把"贱"读作"羡"，把"是"读作"舐"；北方人把"庶"读作"戍"，把"如"读作"儒"，把"紫"读作"姊"，把"洽"读作"狎"。

【原文】

如此之例，两失甚多。至邺已来，唯见崔子约、崔瞻叔侄，李祖仁、李蔚兄弟，颇事言词，少为切正。李季节著《音韵决疑》，时有错失；阳休之造《切韵》，殊为疏野。吾家儿女，虽在孩稚，便渐督正之；一言讹替，以为己罪矣。云为品物，未考书记者，不敢辄名，汝曹所知也。

【译文】

　　像这样的例子，无论是南方还是北方，他们的错失都很多。我到邺城至今，只知道崔子约、崔瞻叔侄二人，李祖仁、李蔚兄弟二人在语言方面略有研究，稍稍做了一些切磋补正之事。李季节所著《音韵决疑》，差错百出；阳休之的《切韵》又非常草率粗略。我家的儿女，虽然还很小，但也已逐渐纠正过失了。所做器物，如果没有经过认真查阅考证相关书籍，就不敢随意称呼，这些你们都是知道的。

【原文】

　　古今言语，时俗不同；著述之人，楚、夏各异。《仓颉训诂》，反稗为逋卖，反娃为於乖；《战国策》音刭为免，《穆天子传》音谏为间；《说文》音戛为棘，读皿为猛；《字林》音看为口甘反，音伸为辛；《韵集》以成、仍、宏、登合成两韵，为、奇、益、石分作四章；李登《声类》以系音羿；刘昌宗《周官音》读乘若承；此例甚广，必须考校。

【译文】

　　古今的言语，由于习俗风气的不同而发生了一定的变化；著书作文的人，由于所处地域的不同而在语音上也有所差别。《苍颉训诂》中，"稗"注音为"逋卖切"，"娃"注音为"於乖切"；《战国策》中注"刭"音为"免"；《穆天子传》中注"谏"音为"间"；《说文解字》中注"戛"音为"棘"，将"皿"读作"猛"；《字林》

中注"看"音为"口甘反",注"伸"音为"辛";《韵集》中把"成""仍""宏""登"合为两个韵,又把"为""奇""益""石"分为四个韵部;李登的《声类》将"系"注音"羿";刘昌宗的《周官音》将"乘"读作"承";诸如此类的例子数不胜数,必须加以考核校正。

【原文】

前世反语,又多不切,徐仙民《毛诗音》反骤为在遭,《左传音》切椽为徒缘,不可依信,亦为众矣。今之学士,语亦不正;古独何人,必应随其讹僻乎?《通俗文》曰:"入室求曰搜。"反为兄侯。然则兄当音所荣反。今北俗通行此音,亦古语之不可用者。玙璠,鲁之宝玉,当音余烦,江南皆音藩屏之藩。岐山当音为奇,江南皆呼为神祇之祇。江陵陷没,此音被于关中,不知二者何所承案。以吾浅学,未之前闻也。

【译文】

前人标注的反切,又有很多不太妥帖的地方。比如徐仙民的《毛诗音》将"骤"的反切音注为"在遭",《左传音》将"椽"反切音注为"徒缘",像这样不能依从相信的反切,也很多。今天的学者,也有将语音读错的,难道古人是什么奇特之人,因此我们一定要沿袭他们的讹误吗?《通俗文》说:"入室求曰搜。"(服虔)把"搜"的反切音注为"兄侯"。这样一来,"兄"不就应该读作"所荣反"了吗?当今北方民间流行这个读音,这也是古代言事中不能沿用的例子。玙璠,是鲁国的宝玉,"璠"的反切音应为"余烦"，江南的人都将它读作藩屏的"藩"音。岐山的"岐"音应该读作"奇"，江南的人却将它读成神祇的"祇"。江陵沦陷后，这两种读音就流传到了关中地区，不知道它们依据的是哪些经书典籍。以我的疏浅才学，以前是从来都没有听说过的。

【原文】

北人之音，多以举、莒为矩，唯李季节云："齐桓公与管仲于台上谋伐莒，东郭牙望见桓公口开而不闭，故知所言者莒也。然则莒、矩必不同呼。"此为知音矣。

【译文】

北方人的语音，大多数将"举""莒"读作"矩"；只有李季节说："齐桓公与管仲在台上商议讨伐莒国之事，东郭牙远远地看见桓公的嘴张开而合不上，因此断定他们谈论的正是莒国。这样看来，'莒''矩'二字的拼读是不一样的。"像这样的人就是懂音韵的人了。

【原文】

夫物体自有精粗，精粗谓之好恶；人心有所去取，去取谓之好恶。此音见于葛洪、徐邈。而河北学士读《尚书》云好生恶杀。是为一论物体，一就人情，殊不通矣。

【译文】

物体本身是有精良和粗劣之别的，我们称精良的为好，称粗劣的为恶；人根据其自身的情感而对事物有取有弃，我们就称这种取或弃为好或恶。后一种好、恶的读音始于葛洪和徐邈。而黄河以北地区的学士读《尚书》时却将"好（呼报反）生恶（乌故反）杀"读作"好（呼皓切）生恶（乌各切）杀"。这种一面取评论物体质地的读音，一面却表达人的感情之义，就非常说不通了。

【原文】

甫者，男子之美称，古书多假借为父字；北人遂无一人呼为甫者，亦所未喻。唯管仲、范增之号，须依字读耳。

【译文】

"甫"是男子的美称，古书多通假为"父"字；北方人都依本字而读，没有一个人将"父"读作"甫"音，这是因为他们不明白二者的通假关系。只有管仲、范增的号，必须按照"父"字的本音来读。

【原文】

案：诸字书，焉者鸟名，或云语词，皆音于愆反。自葛洪《要用字苑》分焉字音训：若训何训安，当音于愆反，"于焉逍遥""于焉嘉客""焉用佞""焉得仁"之类是也；若送句及助词，当音矣愆反，"故称龙焉""故称血焉""有民人焉""有社稷焉""托始焉尔""晋、郑焉依"之类是也。江南至今行此分别，昭然易晓；而河北混同一音，虽依古读，不可行于今也。

【译文】

据考证，各字书将"焉"解释为鸟名，或解释为虚词，且都注音于愆反。自葛洪著《要用字苑》起，方开始区别"焉"字的读音释义。如果解释成"何""安"，则应读作"于愆反"，"于焉逍遥""于焉嘉客""焉用佞""焉得仁"之类的句子就是这样；如果"焉"字是用作句末或句中的语气词，则应读作"矣愆反"，"故称龙焉""故称血焉""有民人焉""有社稷焉""托始焉尔""晋、郑焉依"之类的句子就是这样。江南至今还流行这两种不同的读音，就是明明白白容易懂的意思；而黄河以北将这两种读音混成一个读音，虽然这是遵从古音，但是于今天却不能通行。

【原文】

邪者，未定之词。《左传》曰"不知天之弃鲁邪？抑鲁君有罪于鬼神邪"，《庄子》云"天邪地邪"，《汉书》云"是邪非邪"之类是也。而北人即呼为也，亦为误矣。难者曰："《系辞》云：'乾坤，《易》之门户邪？'此又为未定辞乎？"答曰："何为不尔！上先标问，下方列德以折之耳。"

【译文】

邪，是语气词，表示疑问。《左传》说："不知天之弃鲁邪？抑鲁君有罪于鬼神邪？"庄子说："天邪地邪？"《汉书》说："是邪非邪？"这类"邪"字就是用来表示疑问的语气。而北方人却把"邪"字读作"也"，这就错了。有人责难我说：《系辞》说：'乾坤，《易》之门户邪？'这个'邪'字也是用来表示疑问语气吗？"我说："怎么不是呢？前面先提出问题，后面才陈述阴阳之德的道理来做裁断呀。"

【原文】

江南学士读《左传》，口相传述，自为凡例，军自败曰败，打破人军曰败。诸记传未见补败反，徐仙民读《左传》，唯一处有此音，又不言自败、败人之别，此为穿凿耳。

【译文】

江南的学士读《左传》，是靠口授递相传述，他们自己规定音读章法，军队自己战败说"败"（蒲迈反），打败敌国军队说"败"（补败反）。在各种说法中都没有见过"补败反"这个注音。徐仙民所读的《左传》，仅有一处注的是这个读音，也并未说清自己被打败和将别人打败的差异之所在，这就显得牵强附会了。

【原文】

古人云："膏粱难整。"以其为骄奢自足，不能克励也。吾见王侯外戚，语多不正，亦由内染贱保傅，外无良师友故耳。梁世有一侯，尝对元帝饮谑，自陈"痴钝"，乃成"飔段"，元帝答之云："飔异凉风，段非干木。"谓"郢州"为"永州"，元帝启报简文，简文云："庚辰吴入，遂成司隶。"如此之类，举口皆然。元帝手教诸子侍读，以此为诫。

【译文】

古人说："整天享用精美食物的人，很少有品行端正的。"这是因为他们骄横奢侈，自我满足，不能克制私欲，勉励自己。我发现那些王公权贵，他们的语音大多不纯正，这也是他们在内受到下贱保傅的熏染，在外又缺乏良师益友的教诲帮助的结果。梁朝有一个人，被封为侯爵，他和梁元帝一起饮酒戏谑，自称"痴钝"，却读作"飔段"。元帝说："按你的读法，'飔'就不同于凉风，'段'就不同于段干木了。"那人又将"郢州"读作"永州"。元帝把这件事说给简文帝听，简文帝说："庚辰日吴人入楚郢都的'郢'却成了后汉司隶校尉鲍永的'永'。"像这样的读音错误，那些王公权贵张口就是。元帝亲自教导那些公子侍读，就将这些作为例子以示告诫。

【原文】

河北切攻字为古琮，与工、公、功三字不同，殊为僻也。此世有人名暹，自称为纤；名琨，自称为衮；名洸，自称为汪；名䶃，自称为獦。非唯音韵舛错，亦使其儿孙避讳纷纭矣。

【译文】

黄河以北的人反切"攻"字为古琮，与"工""公""功"三字读音不同，这是大错特错。近代有个人名叫暹，他自己把"暹"读作"纤"；有个人名叫琨，他自己把"琨"读作"衮"；有个人名叫洸，他自己把"洸"读作"汪"；有个人名叫䶃，他自己把"䶃"读作"獦"。这不仅错在音韵上，而且也使子孙后代的避讳变得杂乱无章了。

【评析】

颜氏在这里所说的"音辞"，指的是文字的读音问题。颜氏在这里告诉我们，方言虽然客观存在，但人们又在不断追求语言的统一。改变"九州之人，言语不同"的状况，有利于思想的交流，这是颜氏的迫切愿望。统一语音非常重要，任务也非常艰巨。

颜氏指出，由于习俗风气的不同以及撰写文章的作者有地域（北方人和南方人）的差异，所以导致古今语音相差很大。颜氏特别提醒一些学者，以前的反切，很多无法拼出正确的读音，所以要格外注意读音问题，不要读错字，不要沿袭古人的错误，这也是对子孙的教诲。颜氏对字词的读音非常重视，对音韵学也非常有研究，造诣颇深。尽管如此，他还是觉得自己才疏学浅，这里固然含有谦虚的意思，但是另一方面也说明语言的博大精深。也正是基于这个原因，颜氏才专门对子孙进行这方面的教育。

颜氏将读音独立成篇，可见其对读音的重视。之所以这样，当然跟颜氏深厚的学识、严谨的学风分不开，此外，就是颜氏对子孙要求严格，注意从小培养孩子在学习上严格要求自己的好习惯。发音看似小事，但事实上是对孩子学习态度的考验。关注这些细节都是为孩子将来做大事打基础的。

除此之外，颜氏还认为人的品行跟语言有着一定的联系。他在文中提到，古人说过："整天享用精美食物的人，很少有品行端正的。"颜氏分析其原因，是因为他们骄横奢侈，自我满足，而不能克制勉励自己。颜氏由品行的不端联系到语言的不纯正，他发现一些王公贵族的语音多不纯正。究其原因：在内受到低贱保傅的感染，在外又没有良师益友的指点和帮助。因此，可以得出一个结论，即语言、字音可以反映一个人的文化素养和道德品行。所以一定得在这方面严格要求孩子。要学好语言，读准字音，从中可以引申出三个方面的条件：一是要有谦虚谨慎的学习态度；二是要有良好的语言环境；三是要有比较高明的老师。这些依然适用于今天。

　　作为一个正常的社会人来说，没有一个人是不需要用语言进行沟通交流的，那么，要想达到理想的沟通交流的效果，语言就是一个很关键的因素。如果从小不培养自己发音吐字方面的能力，或者在平时不注意文字的读音，那么错误将很难避免，与他人的沟通交流就会受到一定的限制。我们之所以大力推广普通话，是因为一个统一的语音会提供更顺畅的沟通途径，以实现社会各方面的发展。学说普通话，说好普通话，不仅对字词声调要正确无误，还要注意字词的读音一定不能弄错了。字正腔圆的发音，优雅自信的谈吐，不仅体现一个人的文化素质，同时也能从中看出他的道德修养。

杂艺第十九

　　真草书迹，微须留意。江南谚云："尺牍书疏，千里面目也。"承晋、宋余俗，相与事之，故无顿狼狈者。吾幼承门业，加性爱重，所见法书亦多，而玩习功夫颇至，遂不能佳者，良由无分故也。然而此艺不须过精。夫巧者劳而智者忧，常为人所役使，更觉为累；韦仲将遗戒，深

有以也。

　　楷书、草书等书法，是应该稍加留意的。江南有谚语说："咫尺书信，就是你给千里之外的人看的脸面。"今天的人们继承了两晋、刘宋以来的风气，留心研习书法，因此在这方面不会觉得为难窘迫。我小时候继承家传的学业，再加上自己天生就喜欢书法，见到了很多书法范帖，也在赏玩研习上下了很大功夫，但是终究不见书法水平有所提高，这大概是我没有这方面的天赋的缘故吧。然而这门技艺也不必学得过精。因为巧者多劳，智者多忧，一旦常常受人支使差遣，你就会觉得精通书法是一种负担了。韦仲将告诫儿孙千万不要学书法，还是不无道理的。

　　王逸少风流才士，萧散名人，举世惟知其书，翻以能自蔽也。萧子云每叹曰："吾著《齐书》，勒成一典，文章弘义，自谓可观；唯以笔迹得名，亦异事也。"王褒地胄清华，才学优敏，后虽入关，亦被礼遇。犹以书工，崎岖碑碣之间，辛苦笔砚之役，尝悔恨曰："假使吾不知书，可不至今日邪？"以此观之，慎勿以书自命。虽然，厮猥之人，以能书拔擢者多矣。故道不同不相为谋也。

　　王羲之是位风流才子，他潇洒不受约束，没有人不知道他的书法，也正因如此，他的其他方面的特长就都被掩盖了。萧子云常常感叹说："我撰写了《齐书》，刻印成一部典籍，书中文章弘扬大义，我认为很值得一看，可是最终却只是由于抄写得精妙，靠书法出了名，也算是怪事了。”王褒出身高贵，才华横溢，文思敏捷，到了北周后，他也依然得到礼遇。由于他擅长书法，所以便常常为人书写，困顿于碑碣之间，辛苦于笔砚之役。他曾后悔地说：“如果我不会书法，大概就不会像今天这样劳碌了吧？”因此，千万不可因精通书法而自命不凡。当然了，地位低下的人，因写得一手好字而被提拔的事例也很多。所以说，道业不同的人是不能谋划到一起的。

【原文】

梁氏秘阁散逸以来，吾见二王真草多矣，家中尝得十卷；方知陶隐居、阮交州、萧祭酒诸书，莫不得羲之之体，故是书之渊源。萧晚节所变，乃是右军年少时法也。

【译文】

梁武帝秘阁珍藏的图书、字画散失以后，我见到了很多王羲之和王献之的真书、草书作品，家里也曾收藏十卷。看了这些作品后，才知道陶隐居、阮交州、萧祭酒等人的字，无不是学的王羲之的字体格局，可见王羲之的字应是书法的渊源。萧祭酒晚年时字有所变化，这种改变就是转向王羲之年轻时所写的书体。

【原文】

晋、宋以来，多能书者。故其时俗，递相染尚，所有部帙，楷正可观，不无俗字，非为大损。至梁天监之间，斯风未变；大同之末，讹替滋生。萧子云改易字体，邵陵王颇行伪字；朝野翕然，以为楷式，画虎不成，多所伤败。至为"一"字，唯见数点，或妄斟酌，逐便转移。尔后坟籍，略不可看。

【译文】

　　自两晋、刘宋以来，人们大多通晓书法，所以一时形成了风气。在人们中互相产生了影响，所有的书籍文献都写得楷正可观。虽然其中难免也会出现个别俗体字，但损害不大。这种风气直到梁武帝天监年间也都还没有改变。到了大同末年，异体错讹之字逐渐产生并大量出现。萧子云改变字的形体，邵陵王常使用错别字；朝野上下都风起效仿，作为模式，如此画虎不成反类犬，造成很大的损害。有的将一个字简化成几个点，有的将字体随意安排，任意改变偏旁的位置。自此以后的文献书籍几乎没法看了。

【原文】

　　北朝丧乱之余，书迹鄙陋，加以专辄造字，猥拙甚于江南。乃以百念为忧，言反为变，不用为罢，追来为归，更生为苏，先人为老，如此非一，遍满经传。唯有姚元标工于楷隶，留心小学，后生师之者众。泊于齐末，秘书缮写，贤于往日多矣。

【译文】

　　在经历了长期的兵荒马乱以后，北朝的书写字迹鄙陋不堪，再加上擅自造字，字体比江南的还要粗俗拙劣。以至于出现将"百""念"两字组合替代"忧"字，"言""反"两字相组合替代"变"字，"不""用"两字组合替代"罢"字，"追""来"两字组合替代"归"字，"更""生"两字组合替代"苏"字，"先""人"

两字组合替代"老"字。像这样的情况并不是个别的，而是遍见于经书典籍中。只有姚元标擅长楷书、隶书，专心研究文字训诂的学问，跟从他学习的门生很多。到了北齐末年，掌管典籍文献的官吏所抄写的字体，就比以前好了很多。

【原文】

江南闾里间有《画书赋》，乃陶隐居弟子杜道士所为；其人未甚识字，轻为轨则，托名贵师，世俗传信，后生颇为所误也。

【译文】

江南民间流传有《画书赋》一书，是陶隐居的弟子杜道士撰写的。这个人不怎么认识字，却轻率地规定字体的法则，还假托名师，世人就以讹传讹，信以为真，实在是误人子弟。

【原文】

画绘之工，亦为妙矣；自古名士，多或能之。吾家尝有梁元帝手画蝉雀白团扇及马图，亦难及也。武烈太子偏能写真，坐上宾客，随宜点染，即成数人，以问童孺，皆知姓名矣。萧贲、刘孝先、刘灵，并文学已外，复佳此法。玩阅古今，特可宝爱。若官未通显，每被公私使令，亦为猥役。

【译文】

擅长绘画，也是件好事，自古以来的名士，很多人有这本领。我家曾保存有梁元帝亲手画的蝉、雀白、团扇和马图，也是一般人难以企及的。梁元帝的长子萧方等特别善于画人物肖像，在座的宾客，他只要用笔随意点染，就能画出几位逼真的人物形象。拿了画像去问小孩，小孩都能指出画中人物的姓名。萧贲、刘孝先、刘灵除了精通文章学术之外，也善于绘画。赏玩古今名画，确实让人爱不释手。但是如果善于作画的人官位不显贵，那么他就会常常被公家或私人使唤，作画也就成了一种苦差。

【原文】

吴县顾士端出身湘东王国侍郎，后为镇南府刑狱参军，有子曰庭，西朝中书舍人，父子并有琴书之艺，尤妙丹青，常被元帝所使，每怀羞恨。彭城刘岳，橐之子也，仕为骠骑府管记、平氏县令，才学快士，而画绝伦。后随武陵王入蜀，下牢之败，遂为陆护军画支江寺壁，与诸工巧杂处。向使三贤都不晓画，直运素业，岂见此耻乎？

【译文】

吴县顾士端身为湘东王国的侍郎，后来任镇南府刑狱参军，他有个儿子名叫顾庭，是梁元帝时的中书舍人，父子俩都通晓琴棋书画，尤其精通绘画，因此常常被梁元帝使唤，他们也因此时常感到羞愧悔恨。彭城的刘岳，是刘橐的儿子，担任过骠骑府管记、平氏县令，富有才学，为人爽快，绘画技艺极高超，后来跟随武陵王到蜀地，下牢关战败后，他被陆护军弄到支江的寺院里去画壁画，和那些工匠杂在一起。要是这三位贤能的人当初都不会绘画，一直只致力于清高德雅的事业，怎么会遭受这样的耻辱呢？

　　弧矢之利，以威天下，先王所以观德择贤，亦济身之急务也。江南谓世之常射，以为兵射，冠冕儒生，多不习此；别有博射，弱弓长箭，施于准的，揖让升降，以行礼焉。防御寇难，了无所益。乱离之后，此术遂亡。河北文士，率晓兵射，非直葛洪一箭，已解追兵，三九宴集，常靡荣赐。虽然，要轻禽，截狡兽，不愿汝辈为之。

【译文】

　　弓箭之利，可以威震天下，古时候的帝王以射箭来考察人的德行，选择贤能，同时，学会射箭也是保全性命的紧要事情。江南的人将世上常见的射箭，看成武夫的射箭，叫作兵射，所以出身仕宦之家的儒雅书生都不肯学习此道。另外有一种比赛用的射箭，叫作"博射"，这种情况下，弓的力量很弱，箭身较长，设有箭靶，宾主相见，温文尔雅，作揖相让，以此表达礼节。这种射箭对于防御敌寇，解救危难没有一点作用。经过战乱之后，这种"博射"就消失了。北方的文人，大多通晓"兵射"，不仅是葛洪能用箭来追杀贼寇，而且在三公九卿宴会上，时常赏赐射箭的优胜者。虽然这关系到荣誉与赏赐，但是，用射箭去猎获飞禽走兽，我还是不愿意你们去做这样的事情。

【原文】

　　卜筮者，圣人之业也；但近世无复佳师，多不能中。古者，卜以决疑，今人生疑于卜；何者？守道信谋，欲行一事，卜得恶卦，反令怏怏，此之谓乎！且十中六七，以为上手，粗知大意，又不委曲。凡射奇偶，自然半收，何足赖也。世传云："解阴阳者，为鬼所嫉，坎壈贫穷，多不称泰。"吾观近古以来，尤精妙者，唯京房、管辂、郭璞耳，皆无官位，多或罹灾，此言令人益信。

【译文】

卜筮，是圣人所从事的职业；只是近代再也没有出现高明的巫师，所占多数不灵验。古代，用占卜来解疑，而今天的人却对占卜产生了怀疑。是什么原因呢？凡是恪守道义，相信自己谋划的人，当他打算去办一件事，可是占卜时却得到了恶卦，于是反而令他恐惧不安，疑虑生于卜大概就是这个意思吧。况且，占卜十次，有六七次应验的就认为是占卜的高手了，对占卜只是略知皮毛，又不能说明其中原委。这就好比是猜奇偶正负，自然会有猜中一半的概率，这又怎么能让人信服呢？世人传言说："懂阴阳占卜的人，被鬼神嫉妒，一生坎坷穷困，多不太平。"我看近古以来，精通占卜的也就只有京房、管辂、郭璞三人了。此三人均未有官职，而且遭遇了很多祸患，于是这个传言就更让世人相信了。

【原文】

傥值世网严密，强负此名，便有违误，亦祸源也。及星文风气，率不劳为之。吾尝学《六壬式》，亦值世间好匠，聚得《龙首》、《金匮》、《玉轮变》、《玉历》十许种书，讨求无验，寻亦悔罢。凡阴阳之术，与天地俱生，其吉凶德刑，不可不信；但去圣既远，世传术书，皆出流俗，言辞鄙浅，验少妄多。至如反支不行，竟以遇害；归忌寄宿，不免凶终；拘而多忌，亦无益也。

　　倘若正好赶上世间法网严密，勉强地背负着占卜的名声，就会受到拖累，这也是一个祸根啊。至于看天文、观星象、测气候之类，一概不要去为此伤神。我学过《六壬式》，也遇过占卜的高手，收集了《龙首》《金匮》《玉轮变》《玉历》等十几种占卜的书，探研之后发现书中所说并不应验，于是不久便开始后悔，也因此作罢了。大多数阴阳占卜之术，与天地同生，它昭示人间的吉凶祸福、施加恩泽与惩罚，是不能不信的；只是由于今天离圣人的年代太久远了，再加上世上流传的占卜之书，大都出于凡俗平庸之手，言辞浅薄粗鄙，很少应验的，多为妄说之词。至于有人在反支日不敢远行，竟然遇害；有人在归忌日寄居在外，还是没有逃过祸害，拘泥于此类说法而多忌讳，也是没有什么益处。

【原文】

　　算术亦是六艺要事；自古儒士论天道，定律历者，皆学通之。然可以兼明，不可以专业。江南此学殊少，唯范阳祖暅精之，位至南康太守。河北多晓此术。

　　医方之事，取妙极难，不劝汝曹以自命也。微解药性，小小和合，居家得以救急，亦为胜事，皇甫谧、殷仲堪则其人也。

【译文】

　　算术也是六艺中重要的一个方面，自古以来的读书人谈论天文，推定历法，都要精通算术。然而，可以在学别的本领的同时学算术，不要专门去学习它。江南通晓算术的人很少，只有范附的祖暅精通它，他官至南康太守，黄河以北的人中多通晓这门学问。

医学方面，要达到高水准极为不容易，我不鼓励你们以此作为自己的专长。稍微了解一些药物的性能，略微懂得如何配药，居家过日子时能够用来救急，也就足够了。皇甫谧、殷仲堪就是这样的人。

【原文】

《礼》曰："君子无故不彻琴瑟。"古来名士，多所爱好。泊于梁初，衣冠子孙，不知琴者，号有所阙；大同以末，斯风顿尽。然而此乐愔愔雅致，有深味哉！今世曲解，虽变于古，犹足以畅神情也。唯不可令有称誉，见役勋贵，处之下坐，以取残杯冷炙之辱。戴安道犹遭之，况尔曹乎！

【译文】

《礼记·乐记》说："君子无故不撤去琴瑟。"自古以来的名士，大多爱好音乐。梁朝初期，倘若贵族子弟不懂弹琴鼓瑟，就会被认为有缺憾；但到大同末年至今，这种风气已不存在。然而话又说回来了，音乐和谐美妙，非常雅致，的确意味无穷！今天所流行的琴曲歌词，虽然经过演变而与古代有了很大的区别，但还是足以使人听了神情舒畅。只是不要以擅长音乐闻名，不然就会被达官贵人所役使，身居下座为人演奏，以讨得残羹剩饭，备受屈辱。连戴安道这样的人都遭遇过这样的事情，更不要说你们了！

【原文】

《家语》曰："君子不博，为其兼行恶道故也。"《论语》云："不有博弈者乎？为之，犹贤乎已。"然则圣人不用博弈为教；但以学者不可常精，有时疲倦，则傥为之，犹胜饱食昏睡、兀然端坐耳。至如吴太子以为无益，命韦昭论之；王肃、葛洪、陶侃之徒，不许目观手执，此并勤笃之志也。能尔为佳。

【译文】

《家语》说："君子不做胜负的游戏，是因为它兼有走邪道的缘故。"《论语》说："不是有玩博弈下棋等游戏吗？干点这个，也总比闲着好！"话虽这样说，但圣人并不把这些作为教育的内容，他们只是认为读书人不应沉湎在游戏中或一味全身心地去研习罢了，偶尔疲倦了，就玩一玩来放松一下，这样总比一吃饱就昏睡或呆坐在那里要好。至于像吴太子那样，认为这些毫无益处，因此命令韦昭处置它；像王肃、葛洪、陶侃那样，不准学生们看、更不许碰，这大概是为了鞭策和坚定他们的志向吧，能这样当然好了。

【原文】

古为大博则六箸，小博则二茕，今无晓者。比世所行，一茕十二棋，数术浅短，不足可玩。围棋有手谈、坐隐之目，颇为雅戏；但令人耽愦，废丧实多，不可常也。

古代进行大赛时就用六箸，小赛时则用二箭，只是今天已经没有精通这种玩法的人了。今天所流行的，只是一箭十二棋，路数方法简单乏味，用来玩都没有意义。围棋有"手谈""坐隐"的名称，的确算得上一种高雅的娱乐；但它却往往使人沉湎而无法自拔，从而荒废了许多正事，因此这也不能常玩。

【原文】

投壶之礼，近世愈精。古者，实以小豆，为其矢之跃也。今则唯欲其骁，益多益喜，乃有倚竿、带剑、狼壶、豹尾、龙首之名。其尤妙者，有莲花骁。汝南周璜，弘正之子，会稽贺徽，贺革之子，并能一箭四十余骁。贺又尝为小障，置壶其外，隔障投之，无所失也。至邺以来，亦见广宁、兰陵诸王，有此校具，举国遂无投得一骁者。弹棋亦近世雅戏，消愁释愤，时可为之。

【译文】

投壶这种礼事，近代就更加精妙了。古代投壶，先往壶中装进小豆，以防止箭矢反跳出来，而今天投壶，却要故意使投进的箭矢能弹跳出来，并且跳弹出来的次数越多越高兴，于是就有了倚竿、带剑、狼壶、豹尾、龙首等名目。其中最精彩的要数莲花骁了。汝南的周璜，是周弘正的儿子；会稽的贺徽，是贺革的儿子，他们都能用一个箭矢弹跳四十个来回。贺徽还曾设了小屏障，把壶放在屏障外面，隔着屏障投壶，百发百中。我到了邺都以后，也看见广宁王、兰陵王他们有投壶的设备，全国就没有一个人能投得弹跳回来。弹棋在近代也是一种高雅的游戏，用来消遣解闷，偶尔还是可以玩一下的。

【评析】

　　"杂艺"是六朝人的习惯用语，指除经、史、文章以外的其他技艺。颜氏将其单独立篇，意为此非儒业根本，劝导子孙对其中有益于身心和应世者，可稍微涉猎，但不宜过精或沉湎。首先他告诫子孙学习书法不要太精，但是其第四代孙颜真卿便是著名的书法大师，正、草均精善，人称"颜体"，这大概是颜氏所始料不及的。另外，对于绘画、射箭、算术、医学、音乐、棋艺等，颜氏的观点还是只要略通即可，都不要太精了，原因是如果太精了，往往会受人支使，受到屈辱。可见，颜氏为子孙划定的做人的底线就是不失尊严，不被羞辱。

　　颜氏还认为，要分清主次，弄清某个阶段孰轻孰重，避免孩子玩物丧志。现代的人们已经不必对文中所说的六艺中的任何一艺存有偏见，因为当今社会需要各种各样的人才，三百六十行，行行都有着高深的学问，只要能深入研究，就都会有作为的。

终制第二十

　　死者，人之常分，不可免也。吾年十九，值梁家丧乱，其间与白刃为伍者，亦常数辈；幸承余福，得至于今。古人云："五十不为夭。"吾已六十余，故心坦然，不以残年为念。先有风气之疾，常疑奄然，聊书素怀，以为汝诫。

　　死亡，对于每个人来说，都是必然的结局，谁也避免不了。我十九岁的时候，正值梁朝动荡不安，其后多数时光是在刀光剑影中度过，承蒙祖上的福荫，我才得以活到现在。古人说："活到五十岁就不算短命了。"我已年过花甲，所以心里平静坦然，不会因剩下的时日不多而有所顾虑了。以前我患有风气的毛病，常担心自己会突然死去，所以姑且记下平时的想法，作为对你们的嘱咐训诫。

　　先君先夫人皆未还建邺旧山，旅葬江陵东郭。承圣末，已启求扬都，欲营迁厝。蒙诏赐银百两，已于扬州小郊北地烧砖，便值本朝沦没，流离如此，数十年间，绝于还望。今虽混一，家道磬穷，何由办此奉营资费？

【译文】

我的亡父与亡母的灵柩都没能送回故乡建邺，暂时葬在江陵城的东郊。承圣末年，已启奏圣上要求迁回扬都，着手准备迁葬事宜，承蒙宣帝下诏赐银百两，我已在扬州近郊北边开始烧制墓砖。不料却碰上了梁朝灭亡，我流离失所到此境地，几十年来，我对迁葬扬都几乎不再抱有希望了。如今虽然天下统一，但是我们已经家道衰落，哪里有能力支付这营葬造墓的费用？

【原文】

且扬都污毁，无复孑遗，还被下湿，未为得计。自咎自责，贯心刻髓。计吾兄弟，不当仕进；但以门衰，骨肉单弱，五服之内，旁无一人，播越他乡，无复资荫；使汝等沈沦斯役，以为先世之耻；故靦冒人间，不敢坠失。兼以北方政教严切，全无隐退者故也。

【译文】

况且扬都已被破坏，老家没有一个亲人了。加上坟地被淹，土地低洼潮湿，也没办法迁葬。只有自己责备自己，铭心刻骨地感到愧疚了。想来我们兄弟不应该再求官任职，但是由于家道败落，骨肉单薄，五服之内也没有他人了，背井离乡，再也不能借助门第或者原有资历的庇护了；如果要使你们沦落到任人差遣的地步，那就是先辈的耻辱了。所以，我只有硬着头皮混下去，生怕出什么差错。再加上北朝的纪律法规都很严格，不允许退隐，就只好这样了。

【原文】

今年老疾侵，傉然奄忽，岂求备礼乎？一日放臂，沐浴而已，不劳复魄，殓以常衣。先夫人弃背之时，属世荒馑，家涂空迫，兄弟幼弱，棺器率薄，藏内无砖。吾当松棺二寸，衣帽已外，一不得自随，床上唯施七星板；至如蜡弩牙、玉豚、锡人之属，并须停省，粮罂明器，故不得营，碑志旒旐，弥在言外。

【译文】

我现在年老体弱多疾，倘若突然去世了，是不必要求丧礼详备周全的。如果有一天我离去了，你们只需为我沐浴净身即可，而不必费力去招魂；入殓时穿着普通的衣服即可。你们的祖母去世时正值灾荒，家徒四壁，兄弟们年龄又小，因此，她的棺材又轻又薄又粗糙，墓内也没有用砖块来砌筑。所以，我也只要二寸厚的松木棺材，只放衣帽即可，不要任何随葬品，棺材底部需放一块七星板，其余像蜡弩牙、玉豚、锡人等都不用；不要去置办粮罂明器，也不要墓志铭和旗幡。

【原文】

载以鳖甲车，衬土而下，平地无坟；若惧拜扫不知兆域，当筑一堵低墙于左右前后，随为私记耳。灵筵勿设枕几，朔望祥禫，唯下白粥清水干枣，不得有酒肉饼果之祭。亲友来啜酹者，一皆拒之。汝曹若违吾心，有加先妣，则陷父不孝，在汝安乎？

【译文】

　　用平板车将棺木运到坟地，坟坑底部铺上一层土就可下葬了，不用堆土筑坟。如果你们担心以后扫墓时弄不清地方，可以在墓的四周筑矮墙作为标记。灵床上不要设枕几，初一月半祭奠时，祭品只用白粥、清水和干枣即可，不需要用酒肉饼果。如果亲友们前来祭奠，一概拒绝就是了。如果你们违背了我的意愿，将我的葬礼办得超过了你们祖母的礼仪，那就是陷我于不孝之地了，你们能安心吗？

【原文】

　　其内典功德，随力所至，勿刳竭生资，使冻馁也。四时祭祀，周、孔所教，欲人勿死其亲，不忘孝道也。求诸内典，则无益焉。杀生为之，翻增罪累。若报罔极之德，霜露之悲，有时斋供，及七月半盂兰盆，望于汝也。

【译文】

　　至于举办佛教的公德道场，则应量力而行，不要弄得倾家荡产，使你们自己挨饿受冻。一年四季都要祭祀祖先，这是周公、孔子所教导的，目的是要人不要很快遗忘自己过世的父母，不要忘记孝道。要是按照佛经来推究，这些都是没有益处的。若以宰杀牲畜来祭祀，便更增加了我的罪过。倘若你们真的想报答父母的恩德，表达对父母的思念之情，那么我希望你们除了在平常按时设斋供奉外，到七月半的时候我希望你们能设置盂兰盆会来祭奠。

【原文】

孔子之葬亲也，云："古者墓而不坟。丘东西南北之人也，不可以弗识也。"于是封之崇四尺。然则君子应世行道，亦有不守坟墓之时，况为事际所逼也！吾今羁旅，身若浮云，竟未知何乡是吾葬地，唯当气绝便埋之耳。汝曹宜以传业扬名为务，不可顾恋朽壤，以取埋没也。

【译文】

孔子安葬亲人时说道："古代的墓是不起坟堆的。我孔丘是常年在外四处奔走之人，不能不在墓地上留个标志。"于是就堆起了一个四尺高的坟堆。这样看来君子处世行道，也有不能守着坟墓的时候；更何况还有一些特殊情况所迫呢！我现在寄居他乡，自身就像飘荡不定的浮云，连自己的葬身之地都不知道在哪里；我一旦断气以后，随地埋葬即可。你们应该以继承功业、弘扬美名为自己的使命，切不要因为顾恋父母的朽骨坟土，而葬送了自己的前程。

【评析】

人的生命再长不过百年，而百年的时光对于亘古长存的宇宙来说，只是弹指一挥间。俗话说：蝼蚁尚且偷生，何况人乎？由此看来，生与死对人来讲是一件大事，是不敢当儿戏的，所以没有人是不畏惧死亡的。因此，当一个人站在死亡的边缘时，他的心理应该是很复杂的，能做到平静地对待这一事实的，应该不多。颜氏却是这少数人中的一个。在别人都忌讳死的时候，他却写下了《终制》，相当于我们今天的遗嘱。"终"就是生

命的终结，"制"就是丧事的安排。颜氏在一开始就讲了自己进入暮年后的心态和对死亡的理解。他说死亡是人的自然结局，没有人能免得了。

生老病死是人生的自然规律，就像小鸟要唱歌，花儿要开放一样普通而又平常，人都要从新生走向衰老而至死亡。对于一个有修养的人来说，生不足喜，死不足忧，看破生死，杂念顿消，才能摆脱世俗的纠纷，做到超然物外。

死和生是人生的两件大事情。许多人喜欢生而害怕死，因为生时可以享受一切荣华富贵，死后就万事皆空了。但是事实上，死和生对人同样重要，我们如果把生死看透，生时优哉游哉，死亡来临时也坦然自若，那么人生便会减少许多痛苦，并因此增加几分快乐。

古人都能正确对待生和死，今天的我们更应该以平和的态度对待生和死。活着的时候就好好珍惜生命，认认真真过好每一天，不要虚度光阴，更不要杞人忧天，整日忧心忡忡，害怕死亡的来临。生命固然值得珍惜，但是这并不是说就要贪生怕死、苟且偷生。面对自然的死亡我们要泰然处之。有时候也会有突发事件发生，这时如果可以选择的话，我们要死得其所，而不能做无谓的牺牲，枉送了性命。